FORSCHUNGSERGEBNISSE
DES VERKEHRSWISSENSCHAFTLICHEN INSTITUTS FÜR LUFTFAHRT
AN DER TECHNISCHEN HOCHSCHULE STUTTGART
HERAUSGEGEBEN VON PROF. DR.-ING. CARL PIRATH
HEFT 7

# DER PRIVATE LUFTVERKEHR

MIT 21 ABBILDUNGEN IM TEXT

BERLIN 1934
VERKEHRSWISSENSCHAFTLICHE LEHRMITTELGESELLSCHAFT M.B.H.
BEI DER DEUTSCHEN REICHSBAHN

Softcover reprint of the hardcover 1st edition 1934

ISBN-13: 978-3-540-01192-7 e-ISBN-13: 978-3-642-94543-4
DOI: 10.1007/978-3-642-94543-4

VERLAGSARCHIV 274

# Vorwort

Der öffentliche Luftverkehr strebt unter immer größerem Einsatz von geistigen und materiellen Kräften und in sorgfältiger Entwicklungsarbeit, die zahlreiche Kulturvölker leisten, der Herstellung der großen Verbindungen zwischen den Erdteilen zu. Nach welchen betriebs- und verkehrswirtschaftlichen Grundlagen diese wichtigste und weiträumigste Aufgabe des Luftverkehrs zweckmäßig zu lösen ist, wurde im Heft 5 unter „Hochstraßen des Weltluftverkehrs" behandelt. Ihr Gegenpol ist der kleinräumige, private Luftverkehr, bei dem im Gegensatz zum öffentlichen Luftverkehr das Flugzeug im Besitz und in der führenden Hand sowie der Verfügungsgewalt eines einzelnen Menschen oder einer kleinen Gruppe von ihnen liegt und allein deren Bedürfnissen nach Umgebungswechsel und Ortsveränderung dient.

Zum privaten Luftverkehr, der vielfach auch mit Privatfliegerei bezeichnet wird, sind der Sportflug und der private Reiseflug zu rechnen. Zu seiner Förderung und Entwicklung sind in den letzten Jahren in fast allen Ländern sehr große Anstrengungen gemacht worden, so daß die Frage nach seiner Lage und seinen Aussichten erhöhte Bedeutung gewonnen hat.

Die Stellungnahme zu dieser Frage erstreckt sich auf ein Gebiet des Luftverkehrs, auf dem in besonderem Maße irrationale Kräfte wirksam sind und das daher zum Teil nach anderen Gesichtspunkten zu untersuchen und zu beurteilen ist als der vorwiegend im Rationalen liegende öffentliche Luftverkehr. Aber auch der private Luftverkehr wird wie der dem Eigenleben des Menschen dienstbar gemachte Kraftwagen mit der Zeit eine starke Verankerung in der Welt der Zweckmäßigkeit finden müssen, wenn er weiter in der Welt des Gefühlslebens seinen unbedingt notwendigen Rückhalt erhalten soll. Das vorliegende Heft will hierzu die im Rahmen des gesamten Verkehrswesens liegenden Voraussetzungen untersuchen und den Untergrund prüfen, auf dem die feinsten Wurzeln eines im menschlichen Gesellschaftsleben verankerten Einsatzes des Luftfahrzeuges für Verkehrszwecke genügende Nahrung finden können.

Das Heft 7 erscheint als erstes im Verlag der Verkehrswissenschaftlichen Lehrmittelgesellschaft m. b. H. bei der Deutschen Reichsbahn, Berlin, mit dem das Institut nach Auflösung des Vertragsverhältnisses mit dem bisherigen Verleger in verlagstechnische Beziehungen getreten ist. Form, Inhalt und zeitliches Erscheinen der Forschungshefte werden dadurch nicht berührt. Es ist mir ein besonderes Bedürfnis, dem neuen Verlag meinen Dank zu sagen für die Übernahme des Drucks und Verlages der Forschungshefte in wirtschaftlich schwieriger Zeit und für die ausgezeichnete Ausstattung des ersten bei ihm erscheinenden Heftes.

Stuttgart, im März 1934 **Carl Pirath**

# Inhaltsverzeichnis

## Die Entwicklungsgrundlagen des privaten Luftverkehrs

Von Prof. Dr.-Ing. Carl Pirath



## Betriebs- und verkehrswirtschaftliche Untersuchung des Sport- und privaten Reiseflugs

Von Dr.-Ing. Helmut Kübler

# Die Entwicklungsgrundlagen des privaten Luftverkehrs

Von Prof. Dr.-Ing. Carl Pirath

## I. Die Verwendung von Verkehrsmitteln für den öffentlichen und privaten Verkehr

Die im öffentlichen Verkehr eingesetzten Verkehrsmittel stehen jedermann und jedem Wirtschaftszweig nach Erfüllung bestimmter Beförderungsbedingungen zur Benutzung zur Verfügung. Diese Beförderungsbedingungen sind besonderer Art, soweit sie für den Verkehrsinteressenten maßgebend sind, und allgemeiner Art, soweit das Verkehrsunternehmen haftbar ist für die Sicherheit des beförderten Verkehrsguts und die Schäden, die beim Transport etwa Dritten zugefügt werden. Der Verkehrsinteressent muß zur Erfüllung seines Wunsches auf Ortsveränderung von Personen, Gütern und Nachrichten sich bestimmten Bedingungen in der Höhe des Transportpreises sowie in dem Zustand und der Verpackung des Transportguts unterwerfen.

Es ist ein besonders wichtiges volkswirtschaftliches Prinzip des öffentlichen Verkehrs, daß in der Anwendung dieser Bedingungen alle ohne Ansehen der Person vor dem Verkehr gleich sind. Ist letzteres nicht der Fall, sind beispielsweise die Preise für die gleiche Beförderungsleistung frei vereinbar zwischen Verkehrsunternehmung und Verkehrsinteressent und daher in ihrer Höhe vielfach verschieden, so besteht die Gefahr einer einseitigen Bevorzugung von Wirtschaftszweigen, und das betreffende Verkehrsmittel büßt zum Teil seine im Dienst für die Allgemeinheit begründete Bedeutung ein. Der öffentliche Verkehr ist ein selbständiger Wirtschaftszweig. Er wird daher vielfach auch als gewerbsmäßiger Verkehr bezeichnet. Für seine Durchführung sind Verkehrsunternehmungen vorhanden, die im planmäßigen Linienverkehr oder aber im Bedarfsverkehr, auch Gelegenheits- und Sonderverkehr genannt, ihre Verkehrsleistungen anbieten.

Im Gegensatz zum öffentlichen Verkehr steht der nichtöffentliche oder private Verkehr. Die in ihm eingesetzten Verkehrsmittel stehen lediglich dem Besitzer des Verkehrsmittels für seine besonderen Verkehrszwecke zur Verfügung. Er ist nur den Beförderungsbedingungen allgemeiner Art unterworfen, da er nur für Schäden haftbar ist, die Dritten beim Transportvorgang und innerhalb seines Betriebes zugefügt werden. Der private Verkehr dient Berufs-, Geschäfts-, Vergnügungs- und Studienzwecken sowie sportlicher Betätigung des Verkehrsinteressenten. Trägt er vorwiegend sportlichen Charakter, so tritt zu dem Zweck des Umgebungs- und Ortswechsels noch die körperliche und geistige Ertüchtigung, die im allgemeinen mit der Führung eines Fahrzeuges bei den stets wechselnden Einflüssen auf die Sicherheit der Bewegungsvorgänge verbunden ist.

Überschauen wir für die verflossenen Jahrhunderte vom Altertum bis zur Neuzeit die Verwendung von Verkehrsmitteln im öffentlichen und privaten Verkehr, so läßt sich unschwer erkennen, daß mit der Größe der Verkehrsbedürfnisse und dem Gebrauch, den der einzelne von den Verkehrsmitteln machen kann, auch im wesentlichen das Vorherrschen des einen oder anderen Verkehrs bestimmt wird. Im Altertum und im Mittelalter wickelte sich der Verkehr in engster Verbindung mit dem Handel ab. Die Gewerbetreibenden und Kaufleute beförderten vielfach mit eigenem Fuhr- oder Schiffspark ihre Waren, die sie auf weite Entfernungen zwischen fremden Gebieten und ihrem Heimatort austauschten. Es herrschte also im wesentlichen Privatverkehr vor. Wenn dabei auch

Verkehrsgelegenheiten für Dritte geboten wurden, so geschah dies immer nur in dem Maße, als die Befriedigung der eigenen Verkehrsbedürfnisse dies zuließ. Mit der Zunahme der Verkehrsbeziehungen zwischen den Völkern der vor dem 15. Jahrhundert bekannten Welt entwickelte sich auf den Hauptverkehrsstraßen zu Land allmählich ein öffentlicher Fuhrverkehr, der von besonderen Fuhrunternehmern angeboten und bedient wurde. Die Verkehrsmengen boten im 11. bis 16. Jahrhundert genügend Voraussetzungen und Anreiz zur Bildung besonderer Gewerbezweige, die dem Transport allein dienten. Vor allem im Nahverkehr lag das Verkehrsgewerbe in der Hand einzelner Fuhrunternehmungen, soweit nicht in Sonderfällen die Verkehrsbedienung im Nebenbetrieb durch landwirtschaftliche Fuhrwerksbesitzer wahrgenommen wurde.

In welchem Umfange im einzelnen der öffentliche und private Verkehr im Altertum und Mittelalter vorherrschend war, läßt sich kaum feststellen. Darüber aber besteht wohl kein Zweifel, daß der *öffentliche Verkehr als reiner Bedarfsverkehr und nicht als planmäßiger Linienverkehr* bestand. Planmäßiger Linienverkehr entwickelte sich zuerst im Postverkehr des 16. Jahrhunderts für Personen und Nachrichten, der als der erste organisierte öffentliche Verkehr angesprochen werden kann. Es war der Vorläufer zu jener Entwicklung im Verkehrswesen, die vor 100 Jahren einsetzte und die die Verkehrsmittel als wichtigste Instrumente in den Dienst der Arbeitsteilung der Wirtschaft stellte und sie in dieser Eigenschaft immer mehr dem öffentlichen Verkehr dienstbar machte.

In dieser Periode nahmen die wirtschaftlichen und verkehrlichen Beziehungen im Raum einer Volkswirtschaft und zwischen den verschiedenen Volkswirtschaften ein großes Ausmaß an, so daß immer mehr Menschen in den Austauschprozeß von Gütern unmittelbar hineingezogen wurden und bestimmter und zahlreicher Verkehrsleistungen bedurften. Es entstand jene allgemeine Bedeutung der Verkehrsmittel, wie wir sie heute als etwas Selbstverständliches und Gegebenes vor uns haben. In dieser Zeit wurde bis zum Aufkommen des Kraftwagens vor 15 bis 20 Jahren fast der gesamte Landverkehr aller Kulturländer durch die Eisenbahnen erledigt. Es war der Zeitabschnitt im Verkehrswesen, in dem der Mensch nicht zu dem persönlichen Verhältnis zum Verkehrsmittel gelangte, in dem er zu Zeiten der Vorherrschaft des Fuhrwerkverkehrs in starkem Maße gestanden hatte. Die Eisenbahn war nach ihrer *technischen Eigenart* fast ausschließlich für einen großen *öffentlichen* Verkehr geeignet, für *private Verkehrsbedürfnisse war sie betrieblich zu kompliziert* und zu sehr auf große Verkehrsbedürfnisse, die die *Nachfrage des einzelnen nach Verkehr* weit überstiegen, eingestellt. Der Mensch war zur Eisenbahnzeit der organisierten Arbeit der öffentlichen Verkehrsmittel unterworfen und sah in ihr einen schicksalhaften Zwang, dem er sich um so freiwilliger fügen konnte, je zuverlässiger, besser und billiger als alle anderen Verkehrsmittel die Eisenbahn ihren Verkehrsaufgaben gerecht wurde.

*Die Sehnsucht nach freier Verfügung über die Zeit der Ortsveränderung war damit aber nicht ertötet.* Im Gegenteil, je länger sie nicht gestillt werden konnte, mit um so größerer Energie trat sie wieder auf, als *geeignete Verkehrsmittel* entwickelt wurden. Sie wandte sich zuerst einer starken Ausbreitung des *Fahrrads* zu, trotzdem seine Benutzung vielfach hohe körperliche Anstrengung bei der Ortsveränderung verlangte. Aber erst als der *Kraftwagen* neue technische Möglichkeiten in der persönlichen Freiheit bei der Ortsveränderung bot, konnte der Wunsch nach einem persönlich benutzbaren, bequemen und leistungsfähigen Verkehrsmittel weitgehend erfüllt werden.

Auf Grund dieses technischen Fortschrittes sehen wir heute eine *Rückentwicklung vom öffentlichen zum privaten Verkehr* vor uns, wie sie größenordnungsmäßig Tabelle 1 zeigt. In ihr sind für das Jahr 1930 die Betriebsleistungen in Gestalt der Fahrzeug-km und die Verkehrsleistungen in Gestalt der angebotenen Platz-km Fassungsvermögen und tkm Ladefähigkeit im öffentlichen und privaten Landverkehr gegenübergestellt. Am stärksten ist im Vergleich zur Eisenbahnzeit die Umwandlung im Personenverkehr, weil er in der freien Verwendungsmöglichkeit des Kraftwagens besonders günstige Vorbedingungen meist psychologischer Art fand, die im Güterverkehr nur eine geringe oder gar keine Rolle spielen. In den Vereinigten Staaten von Amerika überwiegen die im privaten Personenverkehr angebotenen Verkehrsleistungen bereits stark die der öffentlichen Verkehrsmittel, während sie in Deutschland und ähnlich auch in den übrigen europäischen Staaten noch erheblich unter ihnen liegen. Aber auch in Europa vollzieht sich die Abkehr vom öffentlichen Per-

Tabelle 1. **Betriebs- und angebotene Verkehrsleistungen im öffentlichen und privaten Landverkehr im Jahre 1930**

| | Deutschland | | | | Ver. Staaten von Amerika | | | |
|---|---|---|---|---|---|---|---|---|
| | Betriebsleistung | | Angebotene Verkehrsleistung | | Betriebsleistung | | Angebotene Verkehrsleistung | |
| 1 | 2 | 3 | 4 | 5 | 6 | 7 | 8 | 9 |
| I. Personenverkehr: | Mio Wag.-km | % | Mio Platz-km | % | Mio Wag.-km | % | Mio Platz-km | % |
| a) Öffentliche Verkehrsmittel (Eisenbahnen, Straßenbahnen, Omnibusse) . . . . . . . . . | 3615 | 34,6 | 195020 | 85,3 | 9720 | 2,7 | 585000 | 36,0 |
| b) Private Verkehrsmittel (privater Kraftwagen) . . . . | 6800 | 65,4 | 33500 | 14,7 | 345000 | 97,3 | 1040000 | 64,0 |
| Gesamt | 10415 | 100,0 | 228520 | 100,0 | 354720 | 100,0 | 1625000 | 100,0 |
| II. Güterverkehr: | Mio Wag.-km | % | Mio tkm | % | Mio Wag.-km | % | Mio tkm | % |
| a) Öffentliche Verkehrsmittel (Eisenbahnen, Lastkraftwagenfernverkehr) . . . . . . . . | 8000 | 74,7 | 136050 | 94,9 | 44700 | 43,2 | 1791000 | 91,9 |
| b) Private Verkehrsmittel (Werksverkehr mit Lastkraftwagen) . . . . . . . . . . . | 2720 | 25,3 | 7400 | 5,1 | 58800 | 56,8 | 158000 | 8,1 |
| Gesamt | 10720 | 100,0 | 143450 | 100,0 | 103500 | 100,0 | 1949000 | 100,0 |

sonenverkehr trotz durchweg hoher Transportkosten, die der private Verkehr im allgemeinen dem einzelnen auferlegt. Im Güterverkehr hat der sogenannte Werksverkehr verschiedener Gewerbezweige mit eigenem Lastkraftwagenbetrieb eine ähnliche Verbindung zwischen Produktion und Transport entstehen lassen, wie sie im Altertum vorherrschend war.

So sehen wir zur Geburtsstunde des Luftverkehrs eine Entwicklungsrichtung in der Verkehrsform, die für die Benutzung der Luftfahrzeuge für private Verkehrszwecke von besonderer Bedeutung werden kann, wenn auch für ihn die Merkmale und die Grundtatsachen dieser Entwicklung zutreffen sollten oder geschaffen werden können. Bevor daher zu der Lage und den Aussichten des privaten Luftverkehrs Stellung genommen werden kann, wird es notwendig sein, die Gründe zu untersuchen, die allgemein für die Verwendung eines Verkehrsmittels in der Hand des Verkehrsinteressenten sprechen.

## II. Die Gründe für die Verwendung eines Verkehrsmittels in der Hand des Verkehrsinteressenten

### 1. Technische Voraussetzungen

Die Verwendung eines Verkehrsmittels in der Hand und im Besitz des Verkehrsinteressenten ist in erster Linie von seinen technischen Eigenarten abhängig. Diese müssen so gelagert sein, daß neben einer Freizügigkeit in der Benutzung von Wegen und Fahrzeugen auch die betriebliche Bedienung des technischen Apparats keine besonderen Anforderungen an die sichere Führung der Transporteinheiten stellt. Ein Verkehrsmittel, das diesen Voraussetzungen gerecht wird, ist von jedem persönlich und daher individuell benutzbar. Wird es auch nur einem der drei Punkte nicht gerecht, so kommt es nicht für jedermann als persönliches Verkehrsinstrument in Frage und ist daher nicht individuell benutzbar, es muß von besonderen, entsprechend organisierten Verkehrsunternehmungen betrieben werden.

Aber noch eine weitere, mehr verkehrs- als betriebstechnische Voraussetzung muß bei einem individuellen Verkehrsmittel vorliegen. Bei den durchweg geringen Verkehrsbedürfnissen einzelner Personen wird ein Verkehrsmittel nur dann für den Eigengebrauch geeignet sein, wenn seine Transporteinheiten klein sein können und damit den geringen Verkehrsbedürfnissen des privaten Besitzers im Interesse einer wirtschaftlichen Verwendung angepaßt sind. Dieser Gesichtspunkt bestimmt in starkem Maße die tatsächliche individuelle Verwendung eines Verkehrsmittels vor allem dann, wenn es nach seinen sonstigen technischen Eigenschaften sowohl individuell wie nichtindividuell verwendungsfähig ist.

Wie hiernach im einzelnen im Altertum, Mittelalter und in der Neuzeit die Verkehrstechnik nach individuell und nicht individuell benutzbaren Verkehrsmitteln sich entwickelt hat, zeigt Tabelle 2, getrennt nach Personen- und Güterverkehr. Alle individuell benutzbaren und benutzten Verkehrsmittel weisen eine geringe Ladefähigkeit der Transporteinheit auf, die auf das Einzelbedürfnis des Menschen zugeschnitten ist. Sie geht im Landpersonenverkehr im allgemeinen nicht über 6 Plätze und im Landgüterverkehr nicht über 10 t hinaus. Den geringen Verkehrsbedürfnissen im Altertum und Mittelalter entspricht das Vorherrschen der individuellen Verkehrsmittel, den starken Verkehrsbedürfnissen vor allem im letzten Jahrhundert die Umstellung der Verkehrstechnik auf individuell nicht benutzbare Verkehrsmittel mit ihren großen Transporteinheiten für den Massenverkehr von Personen und Gütern. Daß sich trotzdem auch in der Neuzeit das individuell benutzbare Verkehrsmittel erhalten und weiter entwickelt hat, ist nicht zum wenigsten auf irrationale Gründe zurückzuführen, die noch zu behandeln sein werden.

Ausschließlich individuell benutzbar sind in der Neuzeit Fahrrad und Motorrad, vorwiegend individuell benutzbar ist der Kraftwagen, ausschließlich nicht individuell benutzbar ist die Eisenbahn sowohl für den Personen- wie für den Güterverkehr. Zwischen beiden Gruppen liegen die übrigen Verkehrsmittel mit individueller Brauchbarkeit bei kleiner Ladefähigkeit und nichtindividueller Brauchbarkeit bei großer Ladefähigkeit der Transporteinheit. Im Landverkehr ist durch die Belebung der Landstraße durch den Kraftwagen der Kreis der individuell benutzbaren Verkehrsmittel erheblich erweitert worden. Durch die Erschließung des Luftmediums für die Ortsveränderung von Personen, Gütern und Nachrichten ist ein neues individuell benutzbares Verkehrsmittel von besonderer Bedeutung hinzugetreten. Die Erklärung für diese neuzeitliche Entwicklung ist neben dem technischen Fortschritt in den irrationalen Kräften zu suchen, die in erster Linie das Bedürfnis nach individueller Verkehrsbedienung bestimmen.

## 2. Irrationale Kräfte

Die innere Einstellung des Menschen zum Verkehr und seinen Mitteln hat stets in starkem Maße die Welt des Gefühls auf die Entwicklung im Verkehrswesen einwirken lassen. Möglichste Freiheit im Orts- und Umgebungswechsel entspricht dem individuellen Verkehrsbedürfnis eines jeden einzelnen. Die Feindseligkeit des Menschen gegen räumliche Trennung und zeitliche Entfernung weckt in ihm starke Abwehrkräfte, die er am liebsten im unmittelbaren Kampf um Raum und Zeit wirken läßt. So kommt es, daß der Mensch für seine Ortsveränderung mit besonderer Vorliebe solche Verkehrsmittel benutzt, die ihm jederzeit zur Verfügung stehen und ihm jede nur mögliche Freiheit in der Verwendung seiner Zeit lassen.

Das Bedürfnis nach derartigen Verkehrsmitteln wuchs um so mehr, je mehr die Zivilisation und ihre Auswirkungen den Menschen in eine immer stärkere Abhängigkeit zur Umwelt brachten. Damit verstärkte sich psychologisch sein Widerstand gegen das Einerlei und den Zwang des Wirtschaftstempos und seine Sehnsucht nach zeitweiliger Loslösung von diesem Zwang. Das individuell benutzbare Verkehrsmittel bot ihm die beste Gelegenheit dazu, da es ganz nach seinem Willen zu jeder Zeit, die ihm der Beruf frei ließ, ihn seiner gewohnten Umgebung entziehen kann. Das Gefühl, über sich und seine Zeit verfügen zu können, entwickelte eine ausgesprochene Liebe zu dem Verkehrsmittel, das dem Menschen in vollster Unabhängigkeit diese Loslösung vermittelte. Läßt es sich anders erklären, daß zu Zeiten, als das Fahrrad als fast einzig individuell benutzbares Verkehrsmittel vorhanden war, der Radfahrer unter ständiger körperlicher Anstrengung und unter Entbehrungen große Touren in die weitere Umgebung seines Heimatorts machte? Und als der Kraftwagen in vielfach bequemerer Form an die Stelle des Fahrrads trat und die Freizügigkeit nach Zeit und Entfernung steigern konnte, wandten sich ihm die Menschen zu trotz starker finanzieller Lasten, die sie damit übernehmen mußten. Die irrationalen Kräfte, die nach Überwindung des Raumes und des Umgebungswechsels drängten, überwanden die Hemmungen, die die rationalen Überlegungen des Menschen vielleicht dem Besitz eines Kraftwagens entgegenstellten. So wurde der

Tabelle 2. **Individuelle und nichtindividuelle Verkehrsmittel für Fern- und Nahverkehr in Europa**

| | | | | Individuelle Verkehrsmittel | | | Nichtindividuelle Verkehrsmittel | | |
|---|---|---|---|---|---|---|---|---|---|
| | Zeitraum | Verkehr | Verkehrsmittel | Reisegeschwindigkeit km/h | Ladefähigkeit des einzelnen Fahrzeuges | Ladefähigkeit der Transporteinheit | Reisegeschwindigkeit km/h | Ladefähigkeit des einzelnen Fahrzeuges | Ladefähigkeit der Transporteinheit |
| 1 | 2 | 3 | 4 | 5 | 6 | 7 | 8 | 9 | 10 |
| A. Personenverkehr | | | | | Personen | Personen | | Personen | Personen |
| | Altertum | Straßenverkehr | Träger von Sänften | 3 | 1 | 1 | — | — | — |
| | | | Reittier | 5—8 | 1 | 1 | — | — | — |
| | | | Wagen | 5—8 | 4 | 4 | — | — | — |
| | Mittelalter | Straßenverkehr | Reittier | 5—8 | 1 | 1 | — | — | — |
| | | | Wagen | 5—8 | 4—6 | 4—6 | — | — | — |
| | Neuzeit | Wasserverkehr | Überseeschiffahrt | 20—26 | 5—10 | 5—10 | 20—50 | 800—2000 | 800—2000 |
| | | | Binnenschiffahrt | 8—15 | 4—6 | 4—6 | 10—15 | 300—1200 | 300—1200 |
| | | Straßenverkehr | Fahrrad | 12—15 | 1 | 1 | — | — | — |
| | | | Motorrad | 40—60 | 1—2 | 1—2 | — | — | — |
| | | | Kraftwagen | 35—55 | 2—6 | 2—6 | — | — | — |
| | | | Omnibus | — | — | — | 30—40 | 25—40 | 25—40 |
| | | | Straßenbahn | — | — | — | 12—24 | 30—40 | 90—100 |
| | | Eisenbahnverkehr | Personenzug | — | — | — | 35—45 | 38—74 | 280—560 |
| | | | D-Zug | — | — | — | 60—80 | 44—80 | 220—560 |
| | | Luftverkehr | Flugzeug | 120—180 | 2—4 | 2—4 | 150—330 | 4—24 | 4—24 |
| | | | Luftschiff | — | — | — | 90—100 | 20—40 | 20—40 |
| B. Güterverkehr | | | | | Tonnen | Tonnen | | Tonnen | Tonnen |
| | Altertum | Wasserverkehr | Küstenschiffahrt | — | — | — | 6—10 | 600 | 600 |
| | | | Binnenschiffahrt | 3—5 | 50 | 50 | — | — | — |
| | | Straßenverkehr | Wagen | 5—8 | 0,75 | 0,75 | — | — | — |
| | Mittelalter | Wasserverkehr | Überseeschiffahrt | — | — | — | 7—12 | 250 | 250 |
| | | | Binnenschiffahrt | 3—5 | 50 | 50 | 3—5 | 50 | 50 |
| | | Straßenverkehr | Wagen | 5—8 | 0,75 | 0,75 | 5—8 | 0,75 | 0,75 |
| | Neuzeit | Wasserverkehr | Überseeschiffahrt | — | — | — | 14—21 | 4000—9000 | 4000—9000 |
| | | | Binnenschiffahrt | — | — | — | 5—7 | 1000—1350 | 6000—8000 |
| | | Straßenverkehr | Lastkraftwagen | 20—30 | 3—5 | 8—10 | 20—30 | 5—10 | 8—15 |
| | | Eisenbahnverkehr | Güterzug | — | — | — | 30—45 | 10—40 | 300—600 |
| | | | Großgüterwagenzug | — | — | — | 40—55 | 50—60 | 1200—1900 |
| | | Luftverkehr | Frachtflugzeug | 150—180 | 0,8 | 0,8 | 180—250 | 1,4 | 1,4 |

Kraftwagen wie das Fahrrad zum persönlichen Besitz und zum Instrument beliebigster Verwendbarkeit für den freie Betätigung suchenden und schätzenden Menschen.

Die Gewalt dieser irrationalen Kräfte, die dem individuell benutzbaren Kraftwagen in ungeahnter Weise den Weg gebahnt haben, läßt sich nicht mit dem Hirn erklären, sie mußte erlebt werden, um begriffen zu werden. Ihr Vorhandensein ist heute kein Phänomen mehr, zu dem es noch kein abschließendes Urteil gibt, sondern eine Tatsache von besonderer Bedeutung auch für das neueste individuell benutzbare Verkehrsmittel, das Luftfahrzeug. Wie stark diese irrationalen Kräfte sind, können wir immer wieder beurteilen, wenn ein neues Verkehrsmittel neue Möglichkeiten zur Überwindung des Raumes bietet. Es ist ein besonderer Ausdruck des persönlichen Verhältnisses des Menschen zum Verkehr, daß sich bei dem Aufkommen eines neuen Verkehrsmittels der Mensch desselben für seine persönliche Fortbewegung zunächst bedient, und erst in zweiter Linie für den Transport von Gütern. Die psychologischen Kräfte sind hierbei die lebendigen und schnell zugreifenden. Sie entsprechen der ewigen Sehnsucht des Menschen nach Befriedigung seines Urgefühls für Bewegung und Umgebungswechsel.

Tritt dann je nach der Eigenart des individuell benutzbaren Verkehrsmittels zu den verkehrlichen Zwecken noch die Möglichkeit, im Steuern von Fahrzeugen Körper und Geist im Kampf mit den Zufälligkeiten der Fahrt zu ertüchtigen, so wird erst recht die individuelle Benutzung des Verkehrsmittels und seine Führung zu einem Erlebnis besonderer Art und von seltenem Reiz.

Hier liegen die Wurzeln für den persönlichen Einsatz der jugendlichen Kräfte zur Erprobung neuer Verkehrsinstrumente, wie er im Fahrsport seinen Ausdruck findet. Der Sport stand stets an der Wiege jeder verkehrsmäßigen Entwicklung eines neuen Verkehrsmittels, vor allem dann, wenn die individuelle Benutzbarkeit des Verkehrsmittels jedermann die Freiheit in der sportlichen Betätigung ließ. Ohne die nicht auf Vernunft und Verstand allein abgestellten Leistungen im Kraftwagensport und vor allen Dingen im Flugsport ist die schnelle Entwicklung dieser Verkehrsmittel undenkbar. Der Sport schuf jene ideellen Werte, ohne die ein Verkehrsmittel nicht die Reife für eine wichtige Rolle im menschlichen Gesellschaftsleben hätte erzielen können. Dem widerspricht durchaus nicht die Tatsache, daß der Sport auch einen Verkehrszweck hat, um eine irgendwie verlorene Verbindung mit der Natur wieder herzustellen.

Kaum ein Wirtschaftszweig ist an der Quelle seines Ursprungs so sehr mit Opfern menschlicher Willenskraft und menschlichen Lebens erkämpft und entwickelt worden, wie die Verkehrswirtschaft und hierbei vor allem die der individuell benutzbaren Verkehrsmittel. Und auch nachdem diese eine Verkehrsreife erzielt haben, sind immer wieder die irrationalen Kräfte wirksam, die fortlaufend die zahlreichen Opfer tragbar machen, wie sie heute noch im Kraftwagenverkehr aller Länder und im Luftverkehr gebracht werden. Jenes Urempfinden des abendländischen Menschen, daß nur in schwerer Arbeit und im Kampf errungene Werte zum wirklichen Besitz des Menschen werden, gewinnt ständig bei bestimmten Verkehrsmitteln, um deren Eigenbesitz der Mensch sich müht, lebendigsten Ausdruck. Unter seiner Einwirkung wird die Pionierarbeit geleistet, aus der sich ein Verkehrsmittel entweder entwickelt zu einem wertvollen Instrument im menschlichen Gesellschaftsleben oder aber, wenn es dazu ungeeignet ist, wieder im Nichts versinkt.

Diesem zeitlichen Rhythmus einer allmählichen Überleitung eines neuen Verkehrsmittels aus der irrationalen Sphäre in die der zweckmäßigen Verbundenheit mit der menschlichen Gemeinschaft sind vor allem die individuell benutzbaren Verkehrsmittel wie Fahrrad, Kraftwagen und Flugzeug gefolgt. Und noch in der Zeit, zu der sie bereits zu wirtschaftlichen Instrumenten geworden sind, reizen sie den Menschen zu persönlicher Verwendung, solange er darin eine Befriedigung seiner nach Freiheit und individueller Betätigung strebenden Persönlichkeit erblickt. Für das Verkehrsmittel selbst bedeutet eine derartige starke Liebe des Menschen zum technischen Instrument eine ständige Fortentwicklung, wie sie unter der Einwirkung reiner rationaler Gedanken kaum möglich wäre. Das hindert aber nicht, daß ein individuelles Verkehrsmittel auch nach wirtschaftlichen Überlegungen sich entwickeln muß, wenn es als Hilfsmittel für die Allgemeinwirtschaft angesehen werden soll.

### 3. Wirtschaftliche Überlegungen

Jedes individuell benutzbare Verkehrsmittel wird nur dann in großem Umfang eingesetzt werden können, wenn seine Verwendung auch nach wirtschaftlichen Gesichtspunkten möglich ist. Die Zahl derer, die sich nur aus Gründen des Luxus ein eigenes Verkehrsmittel leisten können, ist so gering, daß ein allein hierfür absetzbares Verkehrsmittel keine Bedeutung gewinnen könnte. Es haben sich daher nur die Verkehrsmittel schließlich durchsetzen und verbreiten können, die aus der Periode ihrer fast rein sportlichen Verwendung sich zu Nutzfahrzeugen entwickeln konnten.

Es vollzog sich dabei immer wieder der gleiche Vorgang bei den individuell benutzbaren Verkehrsmitteln im Personenverkehr. Der Freude an sportlicher Benutzung gesellte sich der verstandesmäßige Wunsch auf Verwendung für Berufs- und Geschäftszwecke, so daß die persönliche und wirtschaftliche Seite für den Fahrzeugbesitzer in gleicher Weise zur Geltung kommen. Je mehr ein Verkehrsmittel gleichzeitig für beides geeignet ist, um so unentbehrlicher wird es für den Einzelnen werden. Das Fahrrad ist Mittel zu sportlichen Leistungen und zur Erholung. Es ist aber meist gleichzeitig ein wertvolles Verbindungsmittel zwischen Arbeits- und Wohnstätte und damit ein Instrument zur Erleichterung des Berufslebens seines Besitzers. In noch stärkerem Maße liegt dieses Zusammenspiel beim Kraftwagen vor, da seine hohe Leistungsfähigkeit zum Sport reizt, die Erholung erleichtert und ihn für Berufs- und Geschäftszwecke in ausgiebigstem Maße verwendbar macht. Das persönliche Eigenleben des Menschen und sein Beruf finden im Kraftwagen ein ausgezeichnetes Mittel zu ihrer harmonischen Gestaltung. Wie hoch diese Tatsache eingeschätzt wird, ist wohl am besten daran zu erkennen, daß auch hohe Kosten, beispielsweise in den Vereinigten Staaten von Amerika bis zu einem Fünftel des gesamten Einkommens, aufgewendet werden, um sich in ständigem Besitz eines Kraftwagens zu halten. Kein einzelner Ausgabenteil im Leben eines einzelnen Menschen beansprucht einen so hohen Anteil an den Gesamtausgaben, wie es heute der Besitz eines privaten Personenkraftwagens mit sich bringt. Er geht vielfach noch über den Anteil hinaus, mit dem der Mensch zur Unterbringung seiner Familie sein Einkommen durch den Mietzins belastet. So stark sind die psychologischen Gesichtspunkte in dem Wunsch nach dem Besitz eines individuellen Verkehrsmittels für die persönliche Ortsveränderung lebendig, denen gegenüber die wirtschaftlichen Gesichtspunkte in ihrer Bedeutung stark zurücktreten. Eine gewisse Beleuchtung geben hierzu die durchschnittlichen Selbstkosten für ein angebotenes Platz- oder Personen-km der bekanntesten individuell und nicht individuell benutzten Verkehrsmittel:

| | | Selbstkosten Pfg. je Platz-km |
|---|---|---|
| 1. Individuelle Verkehrsmittel | | |
| | Fahrrad | 0,7 |
| | Motorrad | 3,0 |
| | Privatkraftwagen | 4,5 |
| | Privatflugzeug | 14,0 |
| 2. Nichtindividuelle Verkehrsmittel | | |
| | Straßenbahn | 1,0 |
| | Omnibus | 2,1 |
| | Eisenbahn | 1,2 |

Abgesehen vom Fahrrad und Motorrad, die 100% Ausnutzung ihrer Ladefähigkeit aufweisen, haben die übrigen Verkehrsmittel für den Personenverkehr 33–40% Ausnutzung ihrer angebotenen Plätze durch Reisende, so daß die obigen Zahlen für sie unmittelbare Vergleichszahlen sind.

Im Güterverkehr spielen im allgemeinen die wirtschaftlichen Überlegungen eine besondere Rolle für den Einsatz eines individuell benutzbaren Verkehrsmittels, doch sind auch hier zahlenmäßig schwer erfaßbare Elemente, wie Bequemlichkeit in der Ortsveränderung und jederzeitige Bereitschaft des Verkehrsmittels, nicht ganz unbeteiligt an der zunehmenden Vorliebe für ihren Einsatz. Für einzelne Gewerbe, industrielle Werke und Landwirtschaft ist der Lastkraftwagen zu einem persönlichen Transportinstrument geworden, das im Gesamtbereich dieser Wirtschaftszweige trotz verhältnismäßig hoher Transportkosten ihren besonderen Verkehrsbedürfnissen durchaus entspricht und deshalb von ihnen bevorzugt wird. Hier können für einen einzelnen Wirtschaftsbetrieb die Verkehrsbedürfnisse der Produktion mit dem Absatz der Erzeugnisse durch die individuelle Verwendung des Lastkraftwagens in einen günstigen wirtschaftlichen Einklang gebracht werden.

### 4. Volkswirtschaftliche Gesichtspunkte

Je freizügiger ein Verkehrsmittel in der Hand des Verkehrsinteressenten verwendbar ist, um so weniger ist der wirtschaftende Mensch an bestimmte verkehrliche Voraussetzungen im Raum gebunden. Im Eisenbahnzeitalter lag eine gewisse Gebundenheit darin, daß die günstigsten Vorbedingungen für die Entwicklung der Wirtschaft und damit der menschlichen Siedlungen dort gegeben waren, wo die Nähe einer Eisenbahnstation den Transport von Personen und Gütern besonders günstig und billig gestaltete. Das führte vor allem in Ländern mit weitmaschigem Eisenbahnnetz, wie beispielsweise in den Vereinigten Staaten von Amerika, zu einer ungesunden Konzentrierung der Wirtschaft in großen Siedlungszentren. In Ländern mit engmaschigem Eisenbahnnetz wie in England und Deutschland, konnte diese Entwicklung zwar stark abgeschwächt werden, aber sie war nicht ganz zu verhindern. Das 3- bis 4mal engmaschigere Straßennetz konnte so lange nicht zur Dezentralisation der menschlichen Tätigkeiten im Raum und damit zur günstigen Bedienung des platten Landes wirksam werden, als das Fahrzeug in Gestalt des Fuhrwerks keine genügende Leistungsfähigkeit des Verkehrs auf Landstraßen bot. Mit dem Kraftwagen entstand dank seiner individuellen Brauchbarkeit eine Belebung der Landstraße, die nun wieder die Voraussetzungen für eine gesunde Erschließung des Raumes für Landwirtschaft und Industrie in gleicher Weise schaffen kann. In Großstädten zusammengeballte Industriebevölkerung kann ihre frühere Bodenständigkeit bis zu einem gewissen Grade wieder gewinnen und damit der Volkswirtschaft jene gesunden Kräfte erhalten, die aus der Bodenständigkeit der in ihr tätigen Menschen sich ergeben.

Es kann für die Volkswirtschaft eines Landes nicht gleichgültig sein, ob der gesamte Verkehr in der Hand einiger weniger Großunternehmungen liegt und in ihnen Wirtschaftsmächte entstehen, deren gewaltiger Personalstand maßgebend für den Fluß oder das Stocken der Wirtschaft werden kann. So besondere Vorteile große Verkehrsunternehmungen für einen leistungsfähigen Transport bieten, so ist es doch vom allgemeinen Standpunkt aus durchaus zu begrüßen, wenn neben ihnen individuell brauchbare Verkehrsmittel in der Hand des Verkehrskunden sind und von ihm für seine eigenen Zwecke nach eigenem Willen benutzt werden können. Das Bestreben des Menschen, in der Ortsveränderung möglichst unabhängig zu sein, wird in verstärktem Maße sich einem individuell benutzbaren Verkehrsmittel zuwenden, falls ein solches zur Verfügung steht. Auch in dieser Richtung hat der Kraftwagen neue Möglichkeiten geschaffen, wenn er auch noch wesentlich in seiner Verbreitung gehemmt wird durch die verhältnismäßig hohen Selbstkosten in verkehrsarmen Gebieten, wie sie das platte Land heute umfaßt.

Die volkswirtschaftliche Bedeutung eines individuell benutzbaren Verkehrsmittels wie des Kraftwagens liegt weiterhin noch darin, daß der in Großstädten wohnende Mensch dem Leben des Landes, aus dem schließlich jede Volkswirtschaft ihre Urkraft schöpft, nähergebracht werden kann, als es durch nicht individuell benutzbare Verkehrsmittel möglich ist. Stadt und Land lernen sich besser kennen und gelangen zu gegenseitigem Verständnis im Interesse des Volksganzen. Als äußerer Ausdruck dieser Entwicklung hat sich auf Grund der zunehmenden Verwendung individuell benutzbarer Verkehrsmittel eine neue Verkehrsform in Gestalt der Touristik herausgebildet, deren Ziel es ist, neben Erholungszwecken in möglichster Freiheit des Weges andere Volksteile und fremde Gebiete in ihrem Leben und Wesen kennenzulernen.

## III. Das Verkehrsbild im individuellen und nichtindividuellen Landverkehr

Größenordnungsmäßig können die im heutigen Verkehrswesen der Kulturländer angebotenen Betriebs- und Verkehrsleistungen im individuellen und nichtindividuellen Verkehr aus Tabelle 1 entnommen werden, da sie ungefähr denjenigen im öffentlichen und privaten Verkehr entsprechen. Es sind in der Tabelle zwei wirtschaftsstarke Länder einander gegenübergestellt, deren Verkehrsbild ein Extrem geringster und höchster Umwandlung des Verkehrslebens nach der Seite der individuell benutzbaren Verkehrsmittel darstellt. Deutschland hat infolge seines hochleistungsfähigen und engmaschigen Eisenbahnnetzes, dann aber auch infolge der gewaltigen finanziellen Belastungen, denen es in der Nachkriegszeit unterworfen war, den Einsatz nichtindividuell brauchbarer Verkehrsmittel aus verkehrswirtschaftlichen Gründen am meisten pflegen müssen. Die Vereinigten Staaten von Amerika sahen sich demgegenüber bei ihrem sehr weitmaschigen Eisenbahnnetz gezwungen und infolge ihres großen Wohlstands in der Lage, sich in stärkstem Maße dem Einsatz des individuellen Verkehrsmittels in Gestalt des Kraftwagens zuzuwenden. Wie sehr hierbei die zahlenmäßig nicht erfaßbaren psychologischen Gründe mitgepielt haben und in welchem Maße das individuell benutzbare Verkehrsmittel ein Lieblingskind im Personenverkehr ist, läßt sich klar daraus erkennen, daß die angebotenen Verkehrsleistungen im privaten Personenverkehr nahezu

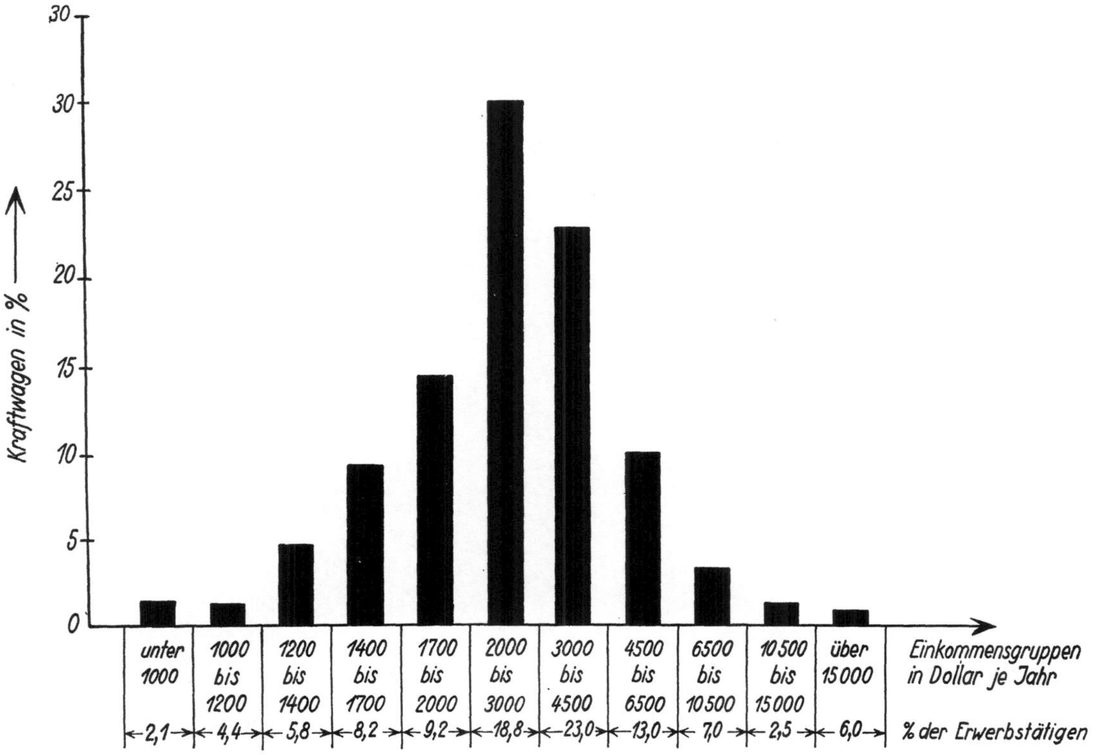


Abb. 1. Anteil der verschiedenen Einkommensgruppen an der Neubeschaffung von Kraftwagen in U.S.A. im Jahre 1932

doppelt so hoch sind wie im öffentlichen Verkehr nichtindividueller Verkehrsmittel, während im Güterverkehr der Anteil noch sehr gering ist und sich nicht wesentlich von demjenigen Deutschlands unterscheidet. Deutschland liegt im individuellen Personenverkehr weit hinter den Vereinigten Staaten von Amerika, da nur ein Sechstel des gesamten Verkehrs auf ihn entfällt. Würde für Deutschland allerdings der in den Vereinigten Staaten von Amerika kaum noch vorhandene Fahrradverkehr für den individuellen Verkehr berücksichtigt, so würde sein Anteil am Gesamtverkehr noch um 5% höher sein als in Tabelle 1, in der nur der Kraftwagen als individuelles Verkehrsmittel eingesetzt ist. Immerhin läßt die Tabelle 1 erkennen, daß im Vergleich zur Vorkriegszeit eine starke Umwandlung zugunsten der individuell benutzbaren Verkehrsmittel eingesetzt hat, die um so positiver zu bewerten ist, als die Verkehrsbedürfnisse des Jahres 1930 nicht die des letzten Vorkriegsjahres 1913 erreicht haben.

Ein individuell benutzbares Verkehrsmittel wird für ganz bestimmte Bevölkerungskreise einen Verkehrswert darstellen und von ihnen benutzt werden. Ist ihr Anteil an der Gesamtbevölkerung groß, so wird auch das individuelle Verkehrsmittel im Verkehrsleben des Landes eine besondere Rolle spielen und verhältnismäßig gleichmäßig der Gesamtbevölkerung zugute kommen. Abb. 1 zeigt für die Vereinigten Staaten von Amerika den Anteil der verschiedenen Einkommensgruppen an der Neubeschaffung von privaten Kraftwagen im Jahre 1932 und Tabelle 3 für das gleiche Jahr, wieviel Erwerbstätige der verschiedenen Einkommensgruppen auf 1 Kraftwagen entfallen.

Tabelle 3. **Verteilung der im Jahre 1932 in U.S.A. neu beschafften Kraftwagen auf die Einkommensgruppen**

| Einkommengruppe in Dollar je Jahr | unter 1000 | 1000 bis 1200 | 1200 bis 1400 | 1400 bis 1700 | 1700 bis 2000 | 2000 bis 3000 | 3000 bis 4500 | 4500 bis 6500 | 6500 bis 10500 | 10500 bis 15000 | über 16000 |
|---|---|---|---|---|---|---|---|---|---|---|---|
| 1 | 2 | 3 | 4 | 5 | 6 | 7 | 8 | 9 | 10 | 11 | 12 |
| Prozent der Erwerbstätigen | 2,1 | 4,4 | 5,8 | 8,2 | 9,2 | 18,8 | 23,0 | 13,0 | 7,0 | 2,5 | 6,0 |
| 1 Kraftwagen entfällt auf Erwerbstätige . . . . . | 46,7 | 115,0 | 386,0 | 27,6 | 19,7 | 19,4 | 31,2 | 39,7 | 66,6 | 65,0 | 234,0 |

Beide lassen erkennen, daß die mittleren Einkommen am stärksten bei dem Kraftwagenankauf beteiligt sind und daß auf den Kopf der Erwerbstätigen dieser Gruppe die meisten Kraftwagen entfallen. Von ihnen aus nimmt das Bedürfnis nach Kraftwagenbeschaffung nach unten und oben immer mehr ab. Der private Kraftwagen hat sich damit zum individuellen Verkehrsmittel wenn auch nicht der ärmeren, wohl aber der mittelgut gestellten Schichten, die allein 60% der gesamten Erwerbstätigen ausmachen, entwickelt. Für sie ist er sicherlich kein Luxusobjekt, sondern ein Verkehrsmittel, das ihnen neben geschäftlichen Zwecken auch noch für ihre eigenen persönlichen Bedürfnisse nach Ortsveränderung zur Verfügung steht. Abb. 1 charakterisiert gleichsam die gesunde Lebenskurve für den privaten Kraftwagen, die ihn in der Masse der Erwerbstätigen als wertvolles individuelles Verkehrsmittel verankert zeigt.

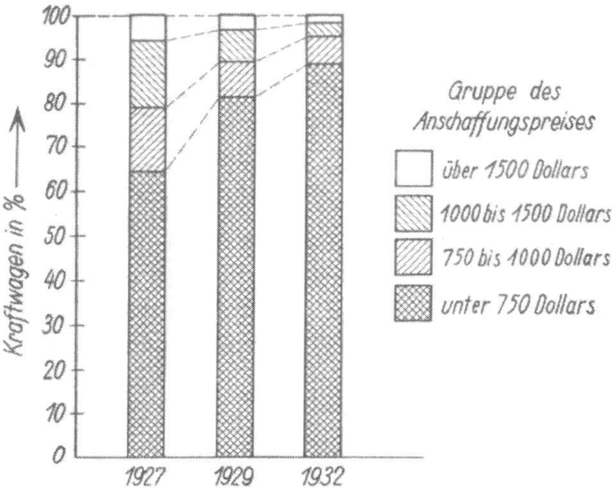


Abb. 2. Anteil der Gruppen des Anschaffungspreises bei der Neubeschaffung von Kraftwagen in U.S.A. in den Jahren 1927, 1929 und 1932

Gewiß ist diese günstige Entwicklung nicht ohne Zutun der Kraftwagenindustrie möglich gewesen. Je mehr der Kraftwagen vom Luxusgegenstand und reinen sportlichen Instrument sich zum wichtigen Gebrauchsgegenstand entwickelte, um so mehr war es Aufgabe der Industrie, die Anschaffungskosten zu verringern. Abb. 2 gibt über den Erfolg dieser Bestrebungen einen klaren Aufschluß. Sie zeigt die Tendenz des Anteils der Gruppen des Anschaffungspreises bei der Neubeschaffung von privaten Kraftwagen in den letzten 5 Jahren. Selbst in dem wirtschaftlich außerordentlich günstigen Jahr 1929 hat sich der Bedarf an billigen Kraftwagen gegenüber früheren Jahren wesentlich gesteigert, ein Zeichen, wie sehr bei aller persönlichen Vorliebe für den Besitz eines Wagens auch die wirtschaftliche Seite bei der Masse der Käufer eine Rolle gespielt hat. Im Jahre 1932 entfallen bereits 85% aller Kraftwagen in die niedrigste Preisgruppe, deren Umsatzgröße geradezu die Kraftwagenindustrie lebensfähig machte. Ähnlich liegen die Verhältnisse in anderen Ländern.

Ein individuell benutzbares Verkehrsmittel wie der Kraftwagen wird nicht immer wie beispielsweise das Fahrrad eine absolut individuelle Verwendung in der Hand seines Besitzers erhalten, sondern es wird auch in nichtindividuell arbeitender Verkehrsform eingesetzt werden. Das wird um so mehr der Fall sein, je einfacher seine Betriebsform ist, leichter es sich einem Wirtschaftsbetrieb der Erzeugung und des Verbrauchs sowie des Handels einpassen läßt und je mehr es reinen Erwerbsgründen in der Verkehrswirtschaft dienen kann. Hieraus erklärt sich vor allem die in Tabelle 4 charakterisierte individuelle und nichtindividuelle Verwendung des Kraftwagens im

Tabelle 4. **Individuelle und nichtindividuelle Verwendung des Kraftwagens im Personen- und Güterverkehr Deutschlands in den Jahren 1927—1932**

| | Gesamtzahl der Kraftwagen | | Individuell | | Nichtindividuell | | | |
|---|---|---|---|---|---|---|---|---|
| | | | überwiegend Verwendung für | | | | | |
| | | | Gewerbl., berufliche u. andere Zwecke | | Zwecke öffentlicher Behörden | | Transportgewerbe | |
| | Zahl | % | Zahl der Fahrzeuge | % | Zahl der Fahrzeuge | % | Zahl der Fahrzeuge | % |
| 1 | 2 | 3 | 4 | 5 | 6 | 7 | 8 | 9 |
| Personenverkehr | | | | | | | | |
| 1927 | 267744 | 100 | 236784 | 88,6 | 4303 | 1,4 | 26687 | 10,0 |
| 1928 | 351380 | 100 | 315214 | 89,7 | 5227 | 1,5 | 30939 | 8,8 |
| 1929 | 433205 | 100 | 391303 | 90,4 | 5759 | 1,3 | 36143 | 8,3 |
| 1930 | 501244 | 100 | 455878 | 90,9 | 6882 | 1,4 | 38494 | 7,7 |
| 1931 | 522943 | 100 | 477202 | 91,3 | 7522 | 1,4 | 38219 | 7,3 |
| 1932 | 497275 | 100 | 455349 | 91,6 | 7692 | 1,5 | 34234 | 6,9 |
| Güterverkehr[1]) | | | | | | | | |
| 1927 | 57171 | 100 | 44084 | 77,2 | 5732 | 9,9 | 7355 | 12,9 |
| 1928 | 62255 | 100 | 45282 | 72,6 | 6760 | 10,9 | 10213 | 16,5 |
| 1929 | 66758 | 100 | 48861 | 73,2 | 7434 | 11,1 | 10463 | 15,7 |
| 1930 | 67719 | 100 | 48820 | 72,0 | 8174 | 12,1 | 10725 | 15,9 |
| 1931 | 65737 | 100 | 46209 | 70,3 | 8488 | 12,9 | 11040 | 16,8 |
| 1932 | 58680 | 100 | 39426 | 67,1 | 8141 | 13,9 | 11113 | 19,1 |

[1]) Mit Lastkraftwagen über 2 t Eigengewicht. Die Ladefähigkeit eines Lastkraftwagens beträgt das 1,0- bis 1,5fache des Eigengewichts.

Personen- und Güterverkehr Deutschlands. Während in den letzten fünf Jahren der Personenkraftwagen in zunehmendem Maße bis zu fast 92% dem individuellen Einsatz unterworfen ist, hat der individuelle Einsatz des Lastkraftwagens des weniger persönlich wirkenden Verkehrsmittels in starkem Maße abgenommen, so daß heute nur noch 67% individuell verwendet werden. Der Lastkraftwagen wächst immer mehr in das Transportgewerbe hinein, weil der Güterverkehr leistungsfähige Verkehrsunternehmungen verlangt, und weil der Lastkraftwagen nach seiner ganzen technischen Eigenart dem Besitzer nicht die günstige Verbindung zwischen Geschäft und Eigenleben bietet wie der Personenkraftwagen.

Soweit aber der Lastkraftwagen individuelle Verwendung im Verkehrsleben findet in Gestalt des Werksverkehres, ist er am stärksten eingesetzt für die eigenen Transportzwecke des Nahrungs- und Genußmittelgewerbes, der Textilindustrie, der chemischen Industrie und des Handelsgewerbes[2]), also von Wirtschaftszweigen für leicht verderbliche und daher eilwertige Güter, hochwertige Güter und für die Unterverteilung der Güter vom Lager. Die Masse der Güter wird von nichtindividuell eingesetzten Verkehrsmitteln befördert, da ihr Transport eine umfassende Organisation erfordert, die nicht gleichsam im Nebenamt von einem Gewerbezweig durchgeführt und getragen werden kann.

Das Verkehrsbild über die individuelle und nichtindividuelle Verwendung von Verkehrsmitteln zeigt, daß in erster Linie die Beförderung von Personen in immer stärkerem Maße den individuell benutzbaren Verkehrsmitteln zufällt, während der Güterverkehr abgesehen von eil- und hochwertigen Gütern, also der obersten dünnen Schicht des Güterverkehrs, eine Abkehr von der individuellen Beförderungsart zeigt. Wieweit die Bevölkerung eines Landes im Personenverkehr sich individuell brauchbaren Verkehrsmitteln für ihre persönlichen und beruflichen Verkehrszwecke zuwendet, wird stets nach einem gewissen Rhythmus zwischen den persönlichen und beruflichen Vorteilen, die das individuelle Verkehrsmittel dem Einzelnen bietet, sich entscheiden. Die Verbreitung des privaten Personenkraftwagens zeigt, daß dabei wirtschaftliche Erwägungen eine nicht unbedeutende Rolle spielen, und daß je billiger das Verkehrsmittel arbeitet, um so höher die Vorzüge seiner individuellen Verwendungsmöglichkeit geschätzt werden.

[2]) Heisterbergk, „Zur Frage der Struktur des Güterverkehrs", in: Verkehrstechnische Woche, Berlin 1933.

# IV. Das Luftfahrzeug als privates Verkehrsmittel

## Einführung

Der Luftverkehr hat sich bisher sowohl nach der Seite des öffentlichen wie des privaten Verkehrs entwickelt. Zum öffentlichen oder gewerbsmäßigen Luftverkehr ist zu rechnen der planmäßige Linienverkehr und der Bedarfsverkehr, der sich auf Sonderflüge, Rundflüge, Luftphotographie und Ausbildung von Piloten erstreckt. Zum privaten oder nichtgewerbsmäßigen Luftverkehr gehören der Sportflug ohne und mit Motor, sowie der private Reiseflug für persönliche und geschäftliche Zwecke, wie er im Flug für Vergnügungs-, Studien-, Erholungs- und Geschäftszwecke zum Ausdruck kommt. Dem privaten Luftverkehr gelten die weiteren Betrachtungen.

Die Ursachen und die Entwicklung der individuellen Verwendung eines Verkehrsmittels zu Wasser und zu Land in der Hand des Verkehrsinteressenten, wie sie in den vorhergehenden Abschnitten untersucht worden sind, sind von grundsätzlicher Bedeutung für die Beurteilung des Luftfahrzeugs als privates Verkehrsmittel. Der Mensch wird dem Luftfahrzeug, das als neues individuelles Verkehrsmittel in den Bereich des Verkehrslebens getreten ist, von seiner Grundeinstellung gegenüber den individuellen Landverkehrsmitteln vor allem vom Kraftwagen aus sich zuwenden. Es werden neben den irrationalen Kräften auch rein wirtschaftliche Überlegungen dabei in dem Maße Platz greifen, in dem das Luftfahrzeug aus seiner Eignung als Sportinstrument hinauswächst in seine geschäftliche und gewerbsmäßige Verwendung.

Um hier klar zu sehen, werden wie bei den übrigen Verkehrsmitteln auch für das Luftfahrzeug die technischen, irrationalen, wirtschaftlichen und volkswirtschaftlichen Grundlagen seiner individuellen Verwendung untersucht werden müssen. Auf Grund der dabei gewonnenen Erkenntnisse wird beurteilt werden können, welche Rolle der private Luftverkehr im System der gesamten Verkehrswirtschaft zu übernehmen haben wird. Während die Einzeluntersuchungen hierzu zum Teil in der zweiten Abhandlung dieses Heftes über „Betriebs- und verkehrswirtschaftliche Untersuchungen des Sport- und Reiseflugs" behandelt werden, sollen im nachfolgenden grundsätzliche Fragen, die das Flugzeug als individuelles Verkehrsmittel im Vergleich zu den übrigen individuellen Verkehrsmitteln angehen, erörtert werden.

## 1. Die technischen Grundlagen

Die Freizügigkeit des Weges, eine der wichtigsten Voraussetzungen für die individuelle Verwendung von Verkehrsmitteln, erscheint für das Luftfahrzeug im Luftmedium technisch fast unbeschränkt zu sein. Und doch ist gerade die Bindung des Luftwegs an bestimmte für Start und Landung sowie Betriebsstoffergänzung geeignete Bodenbetriebsstellen oder Landeplätze heute noch ein die Freizügigkeit stark einengendes Element, das nur durch die Anlage möglichst zahlreicher Landeplätze hinreichend gemildert werden kann.

Es ist in der Eigenart der heutigen Flugzeuge begründet, daß große ebene Flächen hierfür geschaffen oder bereitgehalten werden müssen, die im allgemeinen nur in einer gewissen Entfernung von menschlichen Siedlungen angelegt werden können. Das verhindert grundsätzlich die Haus-Haus-Beförderung im Flugzeug, wie sie beim Kraftwagen möglich und für seine private Verwendung so außerordentlich fördernd gewesen ist. Diese Unbequemlichkeit, die eine private Luftreise durchweg an eine zweistufige Verwendung von Verkehrsmitteln meist unter Benutzung des Kraftwagens bindet, schließt zwar nicht den an Zeit wenig gebundenen Sportflug, wohl aber grundsätzlich die Benutzung des Flugzeugs für private Reisezwecke auf nahe Entfernungen aus. Nur auf große Entfernungen, auf denen die Schnelligkeit des Flugzeugs einen besonderen Gewinn bringt und damit den Zeitverlust beim An- und Abmarsch zum und vom Flugplatz bis zu einem gewissen Grade ausgleicht, wird diese Unbequemlichkeit tragbar sein.

Von diesem Standpunkt aus gewinnt aber sofort in Europa mit seinen kleinen politischen Einheiten die politische Freiheit des Luftraums für die Freizügigkeit des Wegs eine besondere Bedeutung, wenn die Grenzen der verschiedenen Länder aus staatspolitischen Gründen

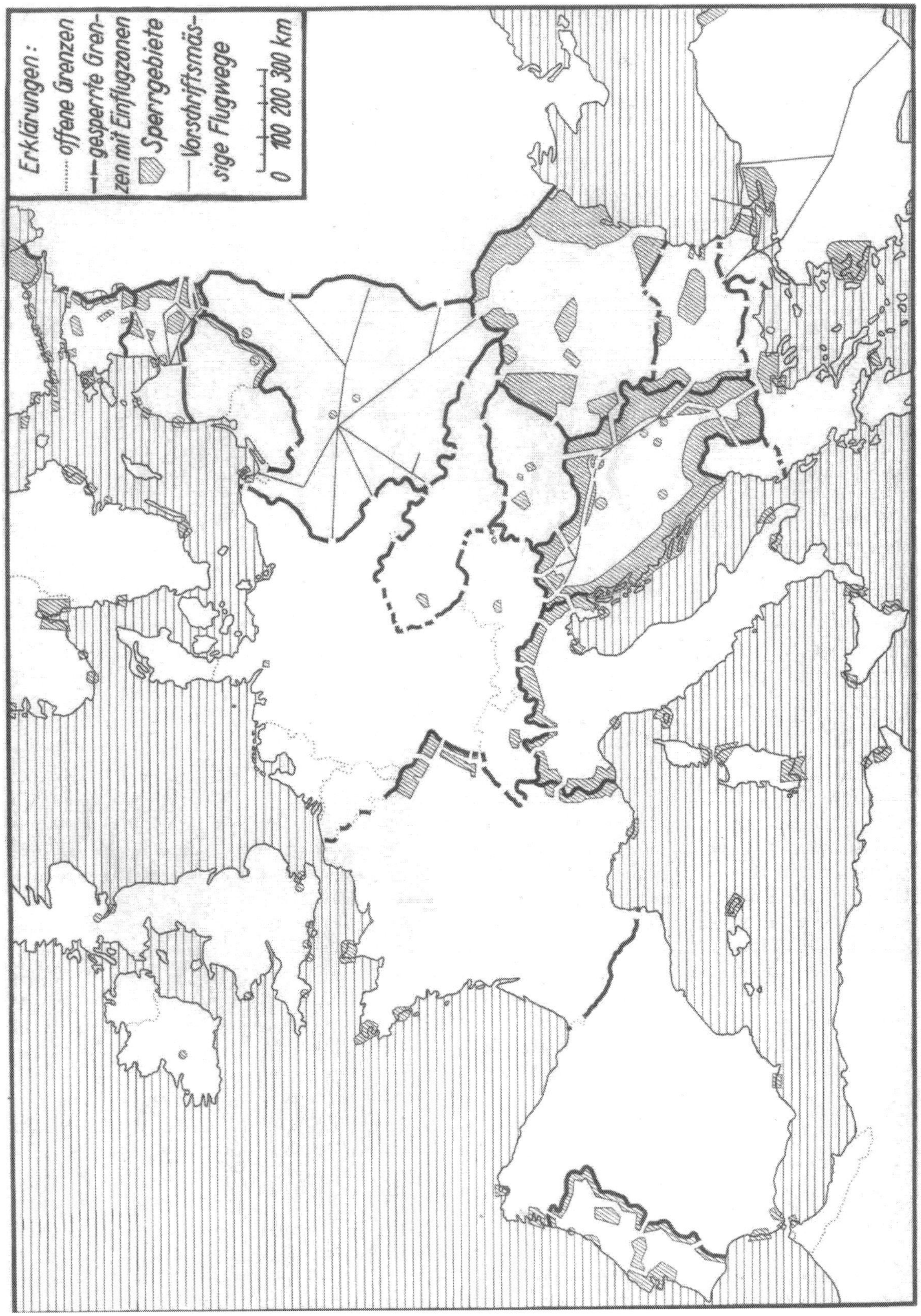


Abb. 3. Die Sperrzonen Europas

vielfach nur an einzelnen Stellen durch Flugzeuge überflogen werden dürfen, im übrigen aber gesperrt sind. Der private Luftverkehr wird nur sehr bedingt mit der Freizügigkeit des Luftwegs innerhalb eines Landes in Europa sich zufrieden geben können, er wird im geschäftlichen Flug meist über ein oder mehrere Ländergrenzen hinausgehen wollen und auch in manchen Fällen im sportlichen Flug sich nicht an Landesgrenzen binden wollen.

Welche Hemmungen hierbei heute noch in Europa durch Luftsperren verursacht werden, zeigt Abb. 3. Zahlreiche Länder haben ihre Grenzen zum Nachbarland zu 90—95% ihrer Länge gesperrt, andere Länder wieder für den Luftverkehr die Einhaltung ganz bestimmter Linien (Polen, Jugoslavien) vorgeschrieben. Im Grund herrscht nur in den Randländern der Nord- und Ostsee eine gewisse Freiheit in der Wahl des Luftwegs, während vor allem in den südosteuropäischen Ländern umfangreichste Sperrungen der Grenzen vorliegen. Solange diese ausgedehnten Grenzsperren im europäischen Luftverkehrsgebiet bestehen und ihre Innehaltung mit Gewalt erzwungen werden kann, wird der private Flieger sich kaum der Gefahr aussetzen wollen, mit den strengen Gesetzen eines fremden Landes in Konflikt zu kommen. Die erste Voraussetzung für einen privaten Luftverkehr ist die weitgehende Öffnung der Grenzen für den Flugverkehr in dem Umfang, daß der private Flieger ohne Schwierigkeit die wenigen dann noch vorhandenen Sperrgebiete meiden kann. Es ist eine der wichtigsten Erklärungen für die starke Entwicklung des privaten Luftverkehrs in Nordamerika, daß weder innerhalb der Vereinigten Staaten von Amerika noch im zwischenstaatlichen Verkehr der Staaten Nordamerikas irgendeine wesentliche Behinderung in der Freiheit des Luftwegs durch Sperrzonen gegeben ist.

Die betriebliche Freizügigkeit im privaten Luftverkehr wird wesentlich gefördert durch möglichst viele im Raum zweckmäßig verteilte Gelegenheiten zum Landen und Starten, sowie zur Betriebsstoffübernahme und Unterstellung der Flugzeuge. Dies liegt auch im Interesse der Sicherheit des planmäßigen Luftverkehrs. Es wäre anzustreben, daß jede Stadt von mehr als 20000 Einwohnern einen Landeplatz anlegt, so daß die gesamte Landfläche beispielsweise von Deutschland von einem dichten Netz von Landeplätzen mit 40—50 km Abstand bedeckt wird. Dieser erstrebenswerte Zustand der Bodenorganisation ist bisher noch in keinem Land erreicht worden. Für Deutschland würde er eine Vermehrung der heute vorhandenen Flugplätze ungefähr um das $1^1/_2$fache mit sich bringen, wenn die heute vorhandenen 160 Hilfslandeplätze nicht mit eingerechnet und nur als Mittel zur Sicherung des öffentlichen und privaten Luftverkehrs angesehen werden. Ein Landeplatzabstand von 40—50 km entspricht der durchschnittlichen Entfernung der Haltestationen für den Personenfernverkehr in D- und Eil-Zügen. Verkehrswirtschaftlich gesehen würde demnach der in dieser Weise mit Bodenorganisation ausgestattete Luftverkehr alle Orte anschließen, deren Verkehrsbedürfnisse im Personenverkehr auf weitere Reiseziele gerichtet sind, wie sie für die Nutzanwendung von Flugzeugen für private Reisezwecke erste Voraussetzung sind.

Während die Freizügigkeit des Weges eine den privaten Luftverkehr mittelbar angehende wichtige Angelegenheit ist, ist die Freizügigkeit und die individuelle Bedienung des Luftfahrzeuges von unmittelbarer Bedeutung für den Verkehrsinteressenten. Will er selbst das Flugzeug führen, so bedarf er einer Ausbildung, die im Vergleich zur Ausbildung im Führen eines Kraftwagens nicht allein sehr viel Zeit, sondern auch erhebliche Kosten erfordert. Hierzu gibt Tabelle 5 näheren Aufschluß, in der die tatsächlichen, für die Führung eines Personenkraftwagens und eines 2sitzigen Sportflugzeuges entstehenden Ausbildungskosten enthalten sind, ohne Rücksicht darauf, wer diese Kosten zu tragen hat. In manchen Ländern übernehmen entweder die Flugzeugindustrie oder die öffentlichen Stellen einen Teil dieser Kosten. In Deutschland würde die Ausbildungszeit für Flugzeugführer 3—6mal länger dauern und die Kosten würden 10—14mal höher sein, als beim Kraftwagen. Für ein 3sitziges Flugzeug, das in erster Linie für geschäftliche Flüge in Frage käme, würden Zeit und Kosten noch wesentlich darüber hinausgehen. In den Vereinigten Staaten von Amerika liegen die Verhältnisse bezüglich der Flugausbildung ähnlich.

Selbst wenn die Kosten für die Ausbildung durch anderweitige finanzielle Unterstützungen wesentlich für den Flugzeugbesitzer gesenkt werden können, so würde doch die lange Ausbildungszeit für viele ein wichtiger Hinderungsgrund sein, sich zwecks Beschaffung eines eigenen Flugzeugs

Tabelle 5. **Zeit und Kosten für die Ausbildung zum Kraftwagen- und Flugzeugführer auf schuleigenen Fahrzeugen in Deutschland und in den Vereinigten Staaten von Amerika**

| Land | Verkehrsmittel | Einteilung | Führerschein berechtigt zum Führen von Fahrzeugen | Kosten[1] der Ausbildung RM. | Kosten[1] Nebenkosten RM. | Kosten[1] Gesamtkosten RM. | Durchschnittliche Dauer der Ausbildung Tage[2] |
|---|---|---|---|---|---|---|---|
| 1 | 2 | 3 | 4 | 5 | 6 | 7 | 8 |
| Deutschland | Kraftwagen | Personenwagen Klasse III B | bis 2500 kg Eigengewicht | 140 | 28,50 | 168,50 | 20 |
| | | Lastkraftwagen Klasse II | mit mehr als 2500 kg Eigengewicht | 170 | 28,50 | 198,50 | 20 |
| | Flugzeug | A 1 | bis 2 Personen; bis 500 kg Fluggewicht | 1500 | 60 | 1560 | 60 |
| | | A 2 | bis 2 Personen; bis 1000 kg Fluggewicht | A 1 + 500 | 60 | 2060 | 60 |
| | | B 1 | bis 3 Personen; bis 2500 kg Fluggewicht | A 2 + 6000 | 30 | 8030 | 240 |
| U.S.A. | Kraftwagen | | aller Art | 45 | — | 45 | |
| | Flugzeug | privat | jeweils der Klasse, die geschult und geprüft wurde | 2300 | — | 2300 | 50 |
| | | Verkehr | | 18000 | — | 18000 | 50 |

[1]) Lebenskosten sind nicht enthalten. [2]) Es ist hierbei angegeben, welche Zeit aufzuwenden ist, um ohne Vorkenntnisse zu der betreffenden Erlaubnis zu kommen.

zum Piloten ausbilden zu lassen. In diesem Fall würde daher die individuelle Benutzung des Flugzeugs für private Verkehrszwecke nur bei Verwendung eines besonderen Flugzeugführers in Frage kommen. Die damit verbundenen Kosten beeinflussen wieder stark die wirtschaftlichen Überlegungen. Es kommt hinzu, daß die Übung im Fliegen eine wesentliche Voraussetzung für ein sicheres Fliegen ist und daß nicht wie beim Kraftwagen mit einer einmaligen Ausbildung eine sichere Führung des Fahrzeugs erhalten bleibt, wenn das Fahrzeug längere Zeit nicht benutzt worden ist. Es werden im allgemeinen durchschnittlich monatlich 2 Flugstunden als Mindestflugzeit zur Erhaltung der einmal gewonnenen sicheren Flugkunst für notwendig gehalten.

In verkehrswirtschaftlicher Hinsicht paßt sich die *Ladefähigkeit der Flugzeuge in glücklichster Weise dem geringen Verkehrsbedürfnis des einzelnen* Menschen an, so daß in dieser Hinsicht das Luftfahrzeug in jeder Weise für private Verkehrszwecke geeignet ist. Der private Reise- oder Touristikflug verlangt aber auch andererseits eine gute Ausstattung des Flugzeugs. In dieser Richtung ist es zu begrüßen, daß bei dem letzten Europa-Rundflug und auch für den neuen im Jahre 1934 vorgesehenen der *Ausrüstung der Maschine für Sicherheit und Bequemlichkeit* eine besonders hohe Bewertung zugestanden ist.

Die heute noch vorliegenden Hemmungen in der Freizügigkeit des Flugwegs und die zeitlich wie finanziell hohe Anforderungen stellende Ausbildung zum Flugzeugführer bilden keine allzu günstigen Voraussetzungen für die individuelle Verwendung des Flugzeugs im privaten Luftverkehr. Es müssen demnach noch besondere Triebkräfte vorhanden sein, die den Menschen zu einem *starken persönlichen Verhältnis zum Fliegen* bringen, und die so lebendig sind, daß sie allen Hemmungen und Schwierigkeiten zum Trotz das Flugzeug zum individuellen und beliebten Verkehrsmittel machen können. Zweifellos spielen hierbei die irrationalen Kräfte, die wir schon im ersten Abschnitt dieser Abhandlung als besonders günstig für die individuelle Verwendung eines Verkehrsmittels kennengelernt haben, eine besondere Rolle.

## 2. Die irrationalen Kräfte

Die Idee der Überwindung des Raumes auf dem Luftweg muß durch große und starke *Kräfte des Willens und der Hingabe* getragen sein, wenn wir eine Erklärung finden wollen für die opferreichen Anstrengungen, die gemacht worden sind und dauernd gemacht werden, um sie zu verwirklichen. *Wie eine Oase im Materialismus der Zeit hebt sich der Wille zur Luftfahrt heraus aus den wirtschaftlichen Gesetzen und ruht zunächst in stärkster*

Weise auf den ideellen Kräften einer hoffnungsvollen Zukunft, einer Zukunft, deren Ziel wohl klar und offen vor uns liegt, deren Erfüllung aber ebenso klar und eindeutig noch gewaltige Schwierigkeiten und langwierige, opferreiche Arbeit erkennen läßt. Selten hat ein zur Überwindung des Raumes geeignetes technisches Instrument an den Glauben an seine praktische Nutzanwendung im menschlichen Gesellschaftsleben höhere Anforderungen gestellt als das Luftfahrzeug auf seinem Entwicklungsweg zu einem allgemeinen Verkehrsmittel. Nur irrationale Kräfte können hier die Entwicklung vorwärtstreiben. Sie sind verankert im Luftsport, wie er im motorlosen oder Segelflug und im Motorflug getrieben wird. Wie sehr der Luftsport seine eigenen Wege geht trotz Ausbaus des planmäßigen und wirtschaftlichen Gesetzen folgenden Luftverkehrs zeigt allein schon die große Zahl der akademischen Fliegergruppen an Universitäten und Hochschulen aller Länder und die unermüdliche Arbeit der Jugend im Luftsport, das Höchste an körperlicher Leistung und geistiger Anspannung zu vollbringen. An zahlreichen amerikanischen Universitäten und Hochschulen werden Studenten ein Jahr im Fliegen, und zwar vom 2. bis 4. Semester, ausgebildet. Ihre Zahl belief sich im letzten Jahr auf 7000 Flugschüler, die 3,5 % der gesamten männlichen Studentenschaft von zwei Semestern ausmachen und von 260 Fluglehrern geschult werden.

Den jugendlichen Geist der Sportflieger stört nicht die Frage, welchen praktischen Wert für jeden das Fliegen hat, und so kann der ideelle Sinn und Zweck eines reinen Sportflugs unmittelbar die Möglichkeiten aufzeichnen, die einem privaten Luftverkehr für persönliche und geschäftliche Zwecke offenstehen können. Es kann die ausgezeichnete Eignung der Ausbildung zum Fliegen und des Fliegens selbst für körperliche und charakterliche Ertüchtigung der Jugend die Pionierarbeit im allgemeinen besser leisten, als sie bei nur rationaler Behandlung der Dinge durchführbar wäre.

Fliegerische Ausbildung und Erziehung wachsen im Luftsport zu einem besonders wertvollen Gesamtergebnis zusammen, durch das mit der Zeit eine seelische Aristokratie herangebildet wird. Je höher die Anforderungen sind, die dabei an persönlichen Mut, Willensstärke und Charakter gestellt werden, um so wertvoller wird der Flugsport werden. In dieser Richtung nimmt das Segelfliegen einen besonderen Platz ein, weil bei ihm in anstrengender Zusammenarbeit mit gleichgesinnten Kameraden schließlich das technische Instrument hergestellt werden muß, auf dem dann mit besonderer Freude am selbstgeschaffenen Werk die Segelflüge für die Arbeitsgruppe beginnen können. Es gehört eine große Energie, ideelle Bescheidung auf das schließlich Erreichte und eine besondere Rücksichtnahme auf die Leistungen und die Mitarbeit anderer dazu, wenn am Schluß einer langen Arbeitszeit nun der Erfolg in einigen schönen Segelflügen eingeholt werden kann. Zweifellos ist hierbei der Segelflug die weniger wertvolle seelische Ausbeute als vielmehr der kameradschaftliche Geist, der sich in einer Segelfliegergruppe im Lauf der Arbeitszeit beim Erstreben eines gemeinsamen Ziels entwickelt. Die Segelfliegerei ist eine ausgezeichnete Schule für den Motorflugsport, der nun wieder für sich mehr die einzelne Persönlichkeit des Fliegers zur Geltung kommen läßt und zu seiner körperlichen und seelischen Ertüchtigung beiträgt. Dabei ist es belanglos, ob das Segelfliegen vor oder nach der Schulung für den Motorflug gelernt wird.

Der Flugsport gehört zu den Sportarten, die weniger körperliche Anstrengung verlangen, dafür aber besonders hohe Ansprüche an Mut, Aufopferung und Charakterstärke stellen. Sein Wert ist vorwiegend ideeller und seelischer Art und liegt weit über der Bedeutung der normalen Sportarten, die mehr der körperlichen Ertüchtigung dienen. Das Schulen und Fliegen hat Höhen und Tiefen geistiger und seelischer Kraftanspannung, wie kaum ein anderer Sport sie aufweist. Das Fliegen bei schönem Wetter ist ebenso einfach wie das Führen eines Kraftwagens auf breiter leerer Landstraße, dagegen das Fliegen bei schlechtem Wetter sowie vielfach das Landen und Starten stellt an die persönliche Befähigung des Fliegers, nach den gegebenen Umständen richtig zu handeln, die höchsten Ansprüche an Entschlußkraft und Kaltblütigkeit.

Alle Kulturvölker haben die große Bedeutung dieser Einbeziehung der ideellen Seite der Luftfahrt für die Entwicklung des Luftverkehrs im allgemeinen erkannt. Sie fördern daher finanziell in starkem Maße alle luftsportlichen Bestrebungen. Nur in Deutschland ist die Beschaffung der Mittel im wesentlichen der privaten Initiative überlassen und, was für sonstige sportliche Veranstaltungen durchweg von der Allgemeinheit geleistet wird, ist für den Luftsport nach den Bestimmungen von Versailles nicht zugelassen.

So hemmt die zivilisierte Welt nicht allein durch überspannte Luftsperren, sondern auch durch politische Zwangsvorschriften eine Betätigung der Jugend eines ganzen Volkes auf einem Gebiet, auf dem opferbereite und arbeitsbewußte Menschen allein die Entwicklung zum Wohle der gesamten Menschheit fördern und zustande bringen können. Der Luftsport und damit auch der private Luftverkehr wird mit den ideellen Kräften wachsen, die sich seiner Entwicklung zur Verfügung stellen.

Über diese Verbindung zwischen der Begeisterung der Jugend zum Luftsport und dem erstrebenswerten Ziel der individuellen Verwendung des Flugzeugs für persönliche und geschäftliche Zwecke scheint mir eine Überwindung der oben gekennzeichneten Schwierigkeiten in der Ausbildung nach Zeit und Geld möglich zu sein. Wenn die in der Jugend eines großen Volkes vorhandene Begeisterung zum Fliegen durch eine großzügige Ausbildung zu körperlicher und charakterlicher Ertüchtigung geeigneter Männer in jungen Jahren in den Dienst der Sportluftfahrt gestellt wird, so werden die so ausgebildeten Flieger die Träger und Förderer werden für den individuellen Einsatz der Flugzeuge für Reisezwecke. Darüber aber müssen wir uns wie beim Kraftwagen klar sein, daß, je mehr der private Luftverkehr sich mit der Zeit von der Sportluftfahrt entfernt, er auch in besonderem Maße wirtschaftlichen Überlegungen unterworfen sein wird und die in der Jugend ausgebildeten Flieger später etwas rationaler über ihre weitere Betätigung im Fliegen denken werden. Haben diese dann aber die zeitraubende und teure Ausbildung bereits hinter sich, so werden sie die tatsächlichen Vorzüge eines Luftfahrzeugs eher zu schätzen wissen, als wenn sie sich dieser Mühe noch zu unterwerfen hätten. Es ist daher notwendig, auch die wirtschaftliche Seite des privaten Luftverkehrs an dieser Stelle grundsätzlich zu untersuchen.

### 3. Die wirtschaftliche Bedeutung

Die wirtschaftliche Bedeutung des privaten Luftverkehrs wird in erster Linie bestimmt von dem Verkehrsbedürfnis, den Anschaffungskosten und den gesamten Betriebskosten der Flugzeuge. Soweit das Verkehrsbedürfnis dem Wunsche nach sportlicher Betätigung entspringt, ist seine Größe und seine Reichweite schwierig zu ermitteln. Immerhin wird die Reichweite auf nicht allzu große Entfernungen vom Ausgangslandeplatz sich erstrecken, also im wesentlichen in der Nahzone des Luftverkehrs bis zu 500 km liegen. Der private Reiseflug wird sich dagegen meist auf größere Entfernungen erstrecken, da auf ihnen in erster Linie der Vorzug der größeren Schnelligkeit gegenüber anderen Verkehrsmitteln zur Geltung kommen kann. Er wird daher sowohl in der Nahzone wie in der anschließenden Zone, also bis zu 1000 km, sein Betätigungsgebiet finden.

Da ganz allgemein mit der Zunahme der Entfernung das Verkehrsbedürfnis abnimmt, so ist der Anteil der auf großen Entfernungen eines Landes und Kontinents reisenden Personen in wirtschaftsstarken Gebieten nur wenige Prozent der gesamten Reisenden im Fernverkehr bei höchstens 5—8 Verkehrsgelegenheiten je Tag in einer Richtung[1]). Dementsprechend wird die Zahl der Personen, für die nach Lage der Reichweite ihrer Verkehrsbedürfnisse eine geschäftliche Verwendung des Flugzeugs in Frage kommt, nicht allzu groß sein, und von dieser Zahl wird wieder nur ein geringer Bruchteil sich dem Flugzeug praktisch zuwenden. Für die individuelle Verwendung des Flugzeugs ist daher mengenmäßig das Verkehrsbedürfnis ungleich ungünstiger gelagert als bei dem Kraftwagen, der den großen Bedürfnissen des Nahverkehrs in erster Linie seine Ausbreitung verdankt.

Das Privatflugzeug kann zwar nicht die glückliche Verbindung zwischen einem Verkehrsinstrument des Berufs und dem der Erholung in einem Maße bieten, wie sie der private Personenkraftwagen aufweist. Wenn aber der Kraftwagen den Aktionsradius für die Erholung von in der Großstadt wohnenden Menschen auf 100—150 km erweitert hat, so kann das private Flugzeug diese Reichweite und damit die Lebensfülle des Raumes für den Menschen noch erheblich steigern. Das wird um so mehr möglich sein, je größer die Fluggeschwindigkeit ist. Eine Erhöhung der bisher üblichen Fluggeschwindigkeiten für private Flugzeuge liegt aus diesem Grund

[1]) Pirath, „Die Grundlagen der Verkehrswirtschaft". Berlin 1934.

und ganz allgemein für geschäftliche Reisen in verkehrswirtschaftlich gleich wertvoller Entwicklungsrichtung, wie sie für den planmäßigen Luftverkehr immer mehr praktisch und geschätzt wird. Die wichtige Relativität zwischen Reisegeschwindigkeit des Flugzeugs und derjenigen der Landverkehrsmittel ist in ständigem Fluß, solange es den letzteren technisch möglich ist, ihre Geschwindigkeit zu steigern, wie es heute die Schnelltriebwagen und der Schnellverkehr auf besonderen Autobahnen ermöglichen[1]).

Im einzelnen wird sich das Verkehrsbedürfnis in starkem Maße nach der Höhe der Anschaffungskosten und der gesamten Betriebskosten richten. Es empfiehlt sich hierbei, die Verhältnisse des Flugzeugs mit denen des privaten Kraftwagens zu vergleichen, da er als individuelles Verkehrsmittel allgemein bekannt ist und deshalb von ihm aus gesehen leichter eine Beurteilung des Verkehrswerts eines Flugzeugs für individuelle Verkehrszwecke möglich ist. Es kommt hinzu, daß beide Verkehrsmittel, Flugzeug und Kraftwagen, im Transport über Land im Wettbewerb zueinander liegen werden.

Die Anschaffungskosten eines Sport- oder Privatflugzeugs, auf 1 Sitzplatz bezogen, liegen, wie Tabelle 6 zeigt, ungefähr auf gleicher Höhe wie die einer seetüchtigen Motorjacht, dagegen 4 bis

Tabelle 6. **Anschaffungskosten je Sitzplatz Fahrrad, Motorjacht, Kraftwagen und Flugzeug**

| | Anschaffungskosten in RM. je Sitzplatz |
|---|---|
| 1 | 2 |
| Fahrrad . . . . . . . . . . . . | 70— 100 |
| Motorjacht (seetüchtig) . . . . . . | 5000—10000 |
| Kraftwagen . . . . . . . . . . . . | 600— 1500 |
| Flugzeug . . . . . . . . . . . . . | 4500— 8000 |

6mal höher als die eines Kraftwagens. Als Transporteinheit aufgefaßt ist dagegen ein 2sitziges Flugzeug nur 1,5—2,8mal teurer als ein mittelstarker 4sitziger Kraftwagen, und ein 4sitziges Flugzeug 2mal teurer als ein starker Kraftwagen. Im allgemeinen wird dieser letztere Vergleich des Anschaffungspreises zweckmäßig gezogen werden, da in den seltensten Fällen wohl eine volle Ausnutzung der Sitzplätze des Kraftwagens bei sportlichen oder geschäftlichen Fahrten praktisch gegeben ist.

Sind demnach die Anschaffungskosten des Fahrzeugs im privaten Luft- und Kraftwagenverkehr ohne Berücksichtigung der noch in der Entwicklung stehenden Herstellung billiger Flugzeuge nicht allzu unterschiedlich, so gleichen sich die Betriebsstoffkosten für das Flug- und Fahrzeug-km, die am unmittelbarsten dem Besitzer fühlbar sind, in noch stärkerem Maße einander an. Tabelle 7 gibt darüber Aufschluß. Zwar sind auf die Flug- und Fahrstunde bezogen die Betriebsstoffkosten

Tabelle 7. **Betriebsstoffverbrauch von Reiseflugzeugen und Kraftwagen**

| | Betriebsstoffverbrauch an Benzin und Öl | | | | | | | | | |
|---|---|---|---|---|---|---|---|---|---|---|
| | je Flug- oder Fahrstunde | | | | | je Flug- oder Fahr-km | | | | |
| | Benzin Liter | Öl Liter | Benzinkosten RM. | Öl-kosten RM. | Gesamtkosten RM. | Benzin Liter | Öl Liter | Benzinkosten RM. | Öl-kosten RM. | Gesamtkosten RM. |
| 1 | 2 | 3 | 4 | 5 | 6 | 7 | 8 | 9 | 10 | 11 |
| I. Flugzeug | | | | | | | | | | |
| 2sitzig 70 PS | 14,0 | 0,60 | 5,20 | 0,90 | 6,10 | 0,10 | 0,004 | 0,037 | 0,006 | 0,043 |
| 3sitzig 160 PS | 32,0 | 1,50 | 11,85 | 2,25 | 14,10 | 0,18 | 0,0084 | 0,062 | 0,012 | 0,074 |
| 4sitzig 215 PS | 47,0 | 2,00 | 17,40 | 3,00 | 20,40 | 0,29 | 0,011 | 0,108 | 0,016 | 0,124 |
| II. Kraftwagen | | | | | | | | | | |
| 4sitzig 32 PS | 4,95 | 0,067 | 1,83 | 0,102 | 1,94 | 0,11 | 0,0015 | 0,041 | 0,0023 | 0,043 |
| 4sitzig 50 PS | 7,50 | 0,100 | 2,78 | 0,15 | 2,93 | 0,15 | 0,002 | 0,056 | 0,003 | 0,059 |
| 4sitzig 80 PS | 9,37 | 0,165 | 3,47 | 0,248 | 3,72 | 0,17 | 0,003 | 0,063 | 0,0045 | 0,0675 |

Es wurden eingesetzt: Kosten für 1 l Benzin . . . . . 0,37 RM.
„ „ 1 l Öl . . . . . . . 1,50 „

[1]) Pirath, „Der Schnellverkehr in der Luft in seiner Auswirkung auf den Schnellverkehr der übrigen Verkehrsmittel". Verkehrstechnische Woche, Heft 44. Berlin 1933.

des Flugzeugs infolge der höheren Motorleistung wesentlich höher als bei den vergleichsfähigen Kraftwagen, aber sie verteilen sich infolge des in einer Stunde zurückgelegten größeren Reisewegs beim Flugzeug auf eine 2—3mal größere km-Zahl. So kommt es, daß beispielsweise ein 2sitziges Flugzeug die gleichen Betriebsstoffkosten je Kilometer hat wie ein 4sitziger Kleinkraftwagen. Bei den größeren Typen entsteht eine Spanne zuungunsten des Flugzeugs von 20% beim mittleren Kraftwagen und von nahezu 100% beim starken Kraftwagen.

Diese am unmittelbarsten von der Benutzung der Fahrzeuge abhängigen Betriebsstoffkosten machen beim Flugzeug und Kraftwagen ungefähr $^1/_5$ bis $^1/_4$ der gesamten Betriebskosten aus. Wie hoch diese im einzelnen sich stellen, ist für drei geläufige Kraftwagentypen und drei vergleichs-

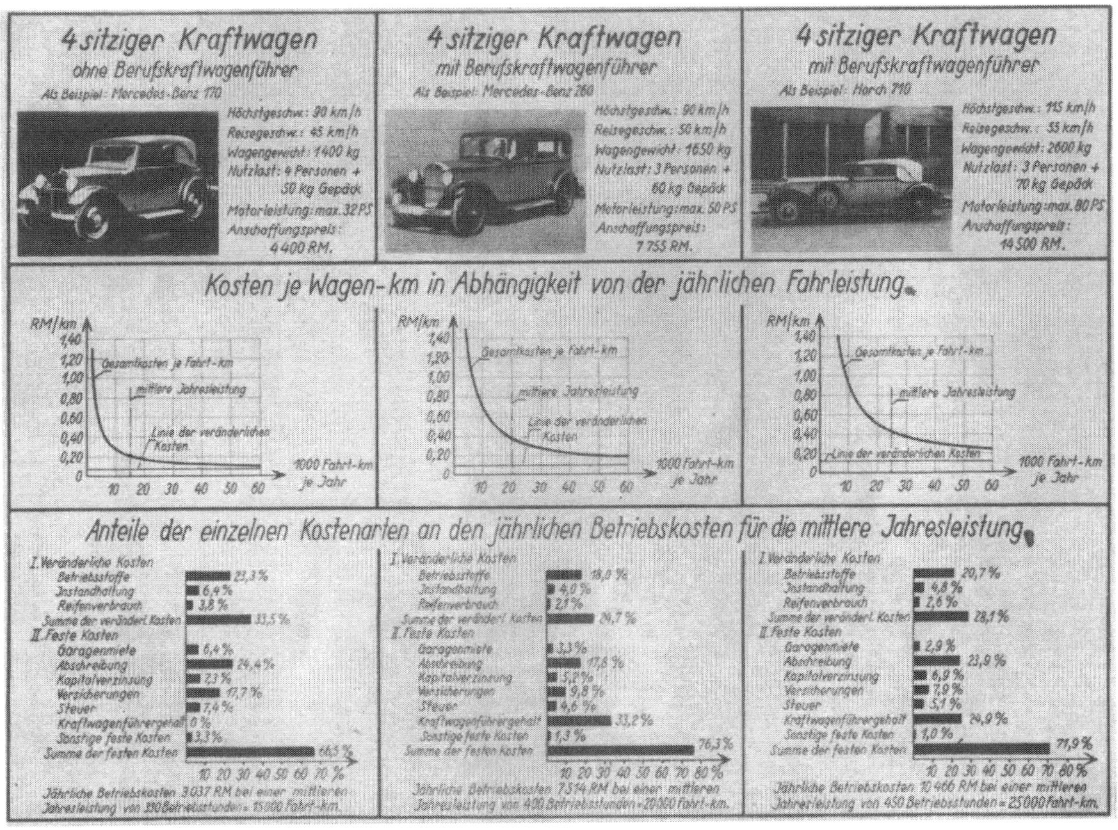


Abb. 4. Die Betriebskosten des privaten Kraftwagens in Abhängigkeit von der jährlichen Fahrtleistung

fähige Flugzeuge bekannter Bauart auf Grund eingehender Untersuchungen ermittelt und in den Abb. 4 und 5 veranschaulicht. Für diesen Vergleich war grundsätzlich von einer mittleren Fahrleistung der beiden Verkehrsmittel im Jahr auszugehen, wie sie sich im praktischen Betrieb bisher entwickelt hat. Selbstverständlich werden die jährlichen Betriebsstunden dabei beim Flugzeug wesentlich niedriger liegen können als beim Kraftwagen, während infolge der höheren Geschwindigkeit die geleisteten Flug-km jährlich höher liegen können als die geleisteten Kraftwagen-km. Dadurch, daß von den in der Praxis festgestellten Betriebsstunden für beide Verkehrsmittel ausgegangen ist, ist in weitgehendem Maße das individuelle Verkehrsbedürfnis, das von den verschiedenen Geschwindigkeiten des Flugzeugs und des Kraftwagens wesentlich bestimmt wird, für den Vergleich berücksichtigt.

Die Untersuchung selbst ist nach den bekannten Grundsätzen der Selbstkostenermittlung von Verkehrsmitteln[1]) unter Zugrundelegung der in der oberen Stufe der Abbildungen angegebenen

[1]) Pirath, „Die Grundlagen der Verkehrswirtschaft". Berlin 1934.

technischen, betrieblichen und verkehrlichen Merkmale der Fahrzeuge durchgeführt. Um den Vergleich möglichst praktisch und vielseitig verwendbar zu machen, ist die betriebliche Bedienung des Flugzeugs und Kraftwagens ohne und mit besonderem Führer nach den in der Praxis üblichen Fällen vorgesehen worden. Zur Veranschaulichung der Tendenz der Abhängigkeit der Kosten je Flug- oder Fahrzeug-km von der jährlichen Fahrzeugleistung sind in dem Mittelteil der Abbildung graphische Darstellungen gewählt, in denen die senkrechten Koordinaten die Kosten je Flug- oder Fahrzeug-km und die waagerechten Koordinaten die Fahrzeug-km je Jahr angeben. Ferner ist die mittlere Jahresleistung in Kilometern eingetragen, so daß für sie der Kostensatz für 1 Flug- oder Fahrzeug-km ohne weiteres abgelesen werden kann.

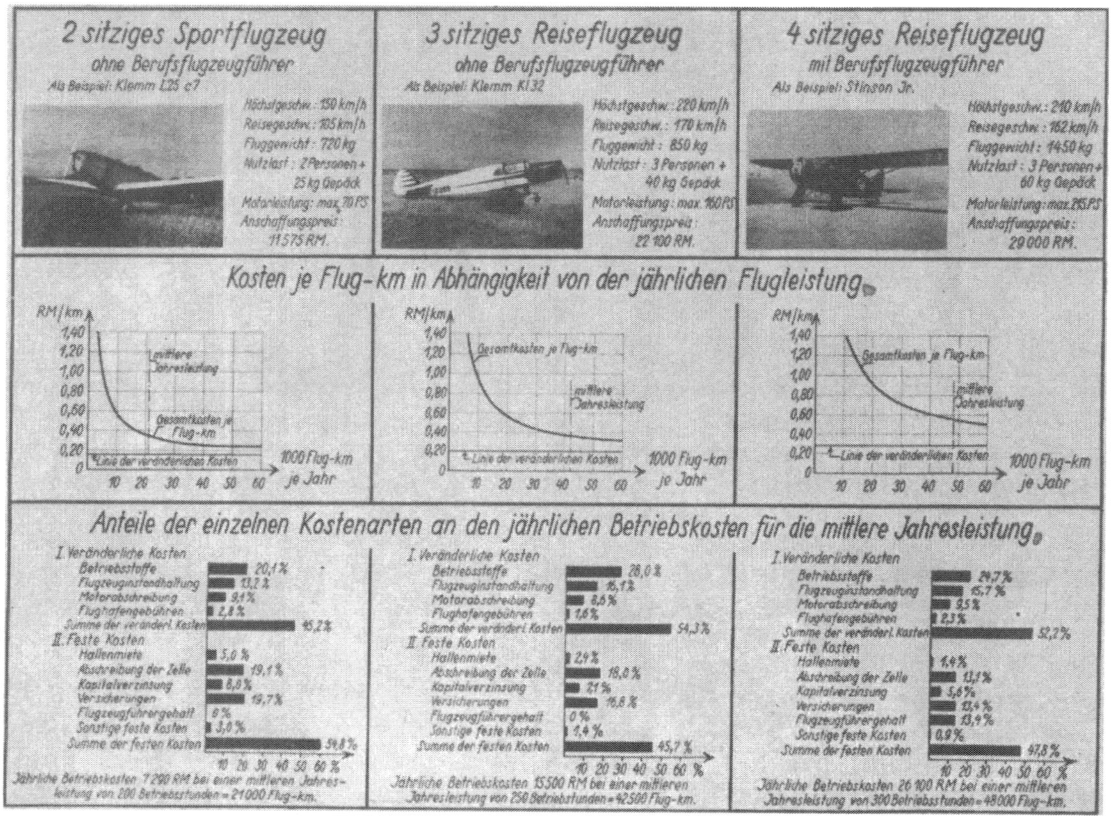


Abb. 5. Die Betriebskosten des privaten Flugzeugs in Abhängigkeit von der jährlichen Flugleistung

Die Kurven geben dem Flugzeugbesitzer wichtige Anhaltspunkte für die wirtschaftliche Verwendung seines Flugapparats. Erhöht sich die mittlere Jahresleistung, so senken sich die Einheitskosten für das Flug-km, verringert sie sich, so werden die Einheitskosten größer. Es ist dabei besonders charakteristisch zu erkennen, daß mit der Abnahme der Benutzung der Fahrzeuge die Einheitskosten wesentlich stärker steigen, als sie mit der Steigerung der Benutzung fallen. Es liegt also im Interesse des Verkehrsinteressenten, sein Verkehrsmittel im Jahr möglichst viel für seine Verkehrszwecke zu benutzen, damit die festen Kosten auf eine möglichst hohe Zahl von Verkehrsleistungen oder Fahrzeug-km verteilt werden können.

In dem unteren Teil der Abbildungen ist der Anteil der einzelnen Kostenarten an den jährlichen Betriebskosten für die mittlere Jahresleistung veranschaulicht und das Verhältnis der von der Benutzung abhängigen oder veränderlichen Kosten zu den von der Benutzung unabhängigen oder festen Kosten angegeben. Hier zeigt sich wieder die große Bedeutung der Betriebsstoffkosten als wesentlicher Bestandteil der veränderlichen Kosten. Bei den festen Kosten dominiert der Anteil der Abschreibungskosten, die bei den hochwertigen Kraftwagen und Flugzeugen wegen ihrer im Vergleich zu anderen Verkehrsmitteln verhältnismäßig geringen Lebensdauer von durchschnittlich 5—7 Jahren besonders hoch sind. In dieser Beziehung weisen Flugzeug und Kraftwagen keine wesentlichen Unterschiede auf. Dagegen belasten die Versicherungsprämien noch sehr stark das Flugzeug und wesentlich höher als den Kraftwagen. Ist ein besonderer Führer notwendig, so erhöhen sich die Gesamtkosten beim Flugzeug um ungefähr $^1/_6$, beim Kraftwagen sogar um $^1/_4$ bis $^1/_3$. Bei geschäftlichen Reisen werden diese persönlichen Kosten aber im allgemeinen kaum zu vermeiden sein, wenn der Reisende in körperlicher Frische am Verhandlungsort tätig sein soll. Beim Sportflug fallen sie selbstverständlich fort. Aus dem Verhältnis der veränderlichen und festen Kosten ergibt sich, daß der Kraftwagen eine ungünstigere Charakteristik der Selbstkosten zeigt, weil er durchweg mit höheren festen Kosten belastet ist, die ohne Rücksicht auf die mehr oder weniger starke Benutzung entstehen und gedeckt werden müssen.

Auf Grund dieser Untersuchungen für Kraftwagen und Flugzeug lassen sich nun für eine Geschäftsreise auf größere Entfernungen die Kosten und die Zeit für die im Wettbewerb zueinander stehenden Verkehrsmittel: Eisenbahn, Kraftwagen, privates Flugzeug und planmäßiges Flugzeug ermitteln. Das Ergebnis ist in Tabelle 8 niedergelegt für eine Reise von Berlin nach Paris auf eine Luftlinienentfernung von 880 km. Wir erkennen die kurze Reisezeit, die das Flugzeug bietet und die gegenüber dem Expreßzug 2,5mal, gegenüber dem mittelstarken Kraftwagen nahezu 6mal kleiner ist. Es schlägt hierbei noch zum besonderen Vorteil für das Flugzeug aus, daß die Luft- oder Fluglinie im Vergleich zu der Eisenbahnlinie und Straße im Flachland durchschnittlich 18%, im Hügel- und Gebirgsland durchschnittlich 30% kürzer ist. Bei gleicher Ausnutzung der Sitzplätze bei Kraftwagen und Flugzeug sind die Reisekosten abgesehen vom Kleinkraftwagen, der aber im allgemeinen für große Touren nicht in Frage kommt, wenig unterschiedlich.

Tabelle 8. **Kosten- und Zeitvergleich für eine Reise von Berlin nach Paris**

| Verkehrsmittel | Art | Dauer Std. | Kosten je Person RM. | Bemerkung |
|---|---|---|---|---|
| 1 | 2 | 3 | 4 | 5 |
| Eisenbahn | Expreßzug | 16 | | |
| | D-Zug | 23 | | |
| | I. Klasse | | 93,50 | Fahrpreis mit Zuschlag bei der üblichen 33% Ausnutzung der angebotenen Sitzplätze |
| | II. Klasse | | 64,50 | |
| Kraftwagen | 4sitzig ohne Führer 32 PS | 40 | 56,0 | Selbstkosten je Person bei 100% Ausnutzung der angebotenen Sitzplätze |
| | 4sitzig ohne Führer 50 PS | 36 | 138,0 | |
| | 4sitzig mit Führer 80 PS | 34 | 153,0 | |
| Privatflugzeug | 2sitzig ohne Führer 70 PS | 10,5 | 150,0 | |
| | 3sitzig ohne Führer 160 PS | 6,5 | 109,0 | |
| | 4sitzig mit Führer 215 PS | 6,5 | 158,0 | |
| Planmäßiges Flugzeug | heutiges Streckenflugzeug | 6,5 | 140,0 | Fahrpreis, der die Selbstkosten zu 33% deckt bei der üblichen 45% Ausnutzung der angebotenen Sitzplätze |

Verkehrswirtschaftlich gesehen würde demnach für große Entfernungen das Flugzeug den Vorzug vor dem privaten Kraftwagen wegen der wesentlich geringeren Reisezeit haben. Benutzen 3—4 Personen auf der Strecke Berlin—Paris das Flugzeug, so ist für diese Personenzahl der Eisenbahnweg billiger, der planmäßige Luftverkehrsweg dagegen nahezu gleich teuer wie das private Flugzeug. Dabei ist jedoch zu bedenken, daß im planmäßigen Luftverkehr der Fahrpreis die Selbstkosten nur zu 33% deckt, während auf der Eisenbahn und im privaten Luftverkehr sowie auch beim Kraftwagenverkehr der Fahrpreis volle Selbstkostendeckung bringt. Es kann daher nach dem Stand der Entwicklung auf absehbare Zeit das private Verkehrsflugzeug auf große Entfernungen in kostentechnischer Hinsicht um so mehr mit den übrigen Verkehrsmitteln, vor allem dem Kraftwagen, in Wettbewerb treten, als seine höhere Geschwindigkeit gegenüber letzterem eine wesentlich geringere Reisezeit auf große Entfernungen ermöglicht.

Für den Fall, daß das Flugzeug im Dienste des Verkehrsinteressenten zum Transport von hochwertigen Gütern eingesetzt wird, ergeben sich größere Unterschiede in den Transportkosten beim Vergleich mit anderen Verkehrsmitteln, und zwar zuungunsten des privaten Flugzeugs. Tabelle 9

Tabelle 9. **Kostenvergleich für den Güterverkehr zwischen Privatflugzeug, Eisenbahn und Kraftwagen bei jährlich gleicher Kilometerleistung und durchschnittlicher Beförderung von 150 und 250 kg Nutzlast**

| Jahresleistung | 25000 km | | 50000 km | |
|---|---|---|---|---|
| Durchschnittliche Nutzlast | 150 kg RM./tkm | 250 kg RM./tkm | 150 kg RM./tkm | 250 kg RM./tkm |
| 1 | 2 | 3 | 4 | 5 |
| Privatflugzeug mit 380 kg Nutzladefähigkeit . . . . | 5,67 | 3,40 | 3,20 | 1,92 |
| Eisenbahnexpreßgutverkehr (500 km) . . . . . . . | 0,48 | 0,48 | 0,48 | 0,48 |
| Kraftwagen (Lieferwagen 0,5 t) . . . . . . . . . | 1,07 | 0,64 | 0,74 | 0,46 |

gibt hierüber Aufschluß für die Beförderung von Expreßgut mittels Flugzeug, Eisenbahn und Lastkraftwagen, wobei in allen Fällen Selbstkostendeckung durch die Frachtpreise vorliegt. Die Kosten des Transports im privaten Flugzeug liegen bei den höchsten jährlichen Leistungen von 50000 km 4—6mal höher als bei Eisenbahn und Kraftwagen. Diesen Unterschied vermag der schnellere Transport im Flugzeug nur in seltenen Fällen auszugleichen. Aus diesem Grunde, und weil ganz allgemein der Güterverkehr für individuell benutzbare Verkehrsmittel mit Rücksicht auf seine Forderung nach möglichster Billigkeit auf große Entfernungen weniger geeignet ist, wird das Flugzeug im privaten Güterverkehr bei weitem nicht die Bedeutung gewinnen können wie im privaten Personenverkehr.

## V. Das Verkehrsbild im privaten Luftverkehr

Der private Luftverkehr steht heute noch in starkem Maße im Zeichen des Sportflugs, wobei die Flugzeuge entweder im Besitz von Privaten oder von Sportklubs sich befinden. Der private Luftverkehr für Geschäfts-, Erholungs- und Vergnügungszwecke ist noch in den Anfängen seiner Entwicklung. Es läßt sich daher eine scharfe Trennung zwischen beiden Arten des privaten Luftverkehrs zahlenmäßig nicht oder nur schwierig durchführen. Immerhin haben einige Länder wie England, Frankreich und die Vereinigten Staaten von Amerika dieses Verhältnis weitgehend statistisch erfaßt.

Die Statistik dieser Länder gibt auch ein Bild über das Verhältnis der im planmäßigen und außerplanmäßigen Verkehr eingesetzten Flugzeuge in einer in Tabelle 10 angegebenen Unterteilung. Während die Zahl der im planmäßigen Luftverkehr eingesetzten Flugzeuge in der Zeit von 1929 bis 1932 sich nur unwesentlich geändert hat, ist die Zahl der im privaten Besitz befindlichen Flugzeuge in der gleichen Zeit um das 1,5—2,5fache gestiegen. Auch die Zahl der von Sportklubs und Flugschulen eingesetzten Flugzeuge hat zugenommen in Europa, während in den Vereinigten Staaten von Amerika eine starke Abnahme vorliegt, die sich aus der schlechten Wirtschaftslage nach 1930 und aus einer zunehmenden Neigung der Amerikaner zum Privatbesitz von Flugzeugen erklärt. Entsprechend dieser allgemeinen Tendenz im Einsatz von Flugzeugen hat der Anteil der in angelsächsischen Ländern im planmäßigen Verkehr verwendeten Flugzeuge am Gesamtflugzeugpark immer mehr abgenommen. Er liegt heute bei 4,3% in England und bei 8,5% in den Vereinigten Staaten von Amerika der im Land in Betrieb befindlichen Flugzeuge. Naturgemäß ist der Anteil, ausgedrückt nach dem Fassungsvermögen der Flugzeuge, im planmäßigen Luftverkehr größer, aber er beträgt in England, dessen im planmäßigen Luftverkehr verwendete Flugzeuge eine besonders hohe Sitzplatzzahl aufweisen, auch nur 27%. Das Fassungsvermögen der im Privatbesitz befindlichen Flugzeuge liegt in fast allen Ländern bei rund 2—2,3 Sitzplätzen je Flugzeug, was den heute noch vorwiegend sportlichen Charakter der individuellen Verwendung der Flugzeuge beweist. Die im Besitz der Luftfahrtindustrie, Händler und des Rundfluggewerbes befindlichen Flugzeuge weisen demgegenüber bereits ein Fassungsvermögen von 2,7—2,8 Sitzplätzen je Flugzeug auf, so daß wir es hier mit einer vorwiegenden Verwendung der Flugzeuge für geschäftliche Zwecke zu tun haben, für die eine größere Kapazität zweckmäßig ist.

Auch die wertvollen Untersuchungen über den allgemeinen Flugbetrieb in der Schweiz[1]) zeigen eindeutig das immer stärker werdende Interesse am privaten Luftverkehr seit dem Jahr 1927. In den Flugschulen der Schweiz betrugen im Jahre 1932 die zur Ausbildung für die private Luftfahrt aufgewandten Flugstunden das $6^1/_2$fache des je erreichten Maximums für den gewerbsmäßigen Luftverkehr. Sie haben gegenüber dem Jahr 1927 um das 18fache zugenommen. In dieser Entwicklung liegt eine klare Tendenz für die starke Zunahme des Interesses für die Ausschöpfung der individuellen Verwendungsmöglichkeiten des Flugzeugs in der privaten Luftfahrt. Es ist wohl auch ohne so eingehendes Zahlenmaterial, wie es die Schweiz in ihren ausgezeichneten Statistiken bietet, angängig, aus den Zahlen der Tabelle 10 auf eine ähnliche Entwicklung in den darin behandelten Ländern zu schließen.

**Die bauliche Entwicklung von Flugzeugen für den Sport- und privaten Reiseflug** hat sich vor allem in den letzten Jahren nach den Prinzipien einer möglichst großen Sicherheit, Leistungsfähigkeit, Bequemlichkeit sowie Wirtschaftlichkeit vollzogen. Der Teil des Flugzeugs,

[1]) Ißler-Dollfuß, „Der dritte Weg". Verlag Schweizer Aero-Revue. Zürich 1933.

Tabelle 10. **Zahl und Fassungsvermögen der Flugzeuge in Privatbesitz, Sportklubs und planmäßigem Verkehr 1925—1932**

| Land | Zeitraum | Gesamtzahl der Flugzeuge | | Gesamtfassungsvermögen | | Privatbesitz | | | | Sportklubs und Flugschulen | | | | Planmäßiger Verkehr | | | | Sonstiges[1]) | | | |
|---|---|---|---|---|---|---|---|---|---|---|---|---|---|---|---|---|---|---|---|---|---|
| | | | | | | Zahl der Flugzeuge | | Fassungsvermögen | | Zahl der Flugzeuge | | Fassungsvermögen | | Zahl der Flugzeuge | | Fassungsvermögen | | Zahl der Flugzeuge | | Fassungsvermögen | |
| | | | % | Personen | % | | Anteil an gesamt % | Personen[2]) | Anteil an gesamt % | | Anteil an gesamt % | Personen | Anteil an gesamt % | | Anteil an gesamt % | Personen | Anteil an gesamt % | | Anteil an gesamt % | Personen | Anteil an gesamt % |
| 1 | 2 | 3 | 4 | 5 | 6 | 7 | 8 | 9 | 10 | 11 | 12 | 13 | 14 | 15 | 16 | 17 | 18 | 19 | 20 | 21 | 22 |
| England | 1925 | 201 | 100 | 681 | 100 | 16 | 8,0 | 30 | 4,4 | 54 | 26,8 | 108 | 15,9 | 36 | 17,9 | 370 | 54,3 | 95 | 47,3 | 173 | 25,4 |
| | 1926 | 245 | 100 | 747 | 100 | 37 | 15,1 | 78 | 10,4 | 68 | 27,8 | 136 | 18,2 | 27 | 11,0 | 312 | 41,8 | 113 | 46,1 | 221 | 29,6 |
| | 1927 | 315 | 100 | 915 | 100 | 80 | 25,4 | 167 | 18,2 | 73 | 23,2 | 146 | 16,0 | 20 | 6,4 | 259 | 28,3 | 142 | 45,0 | 343 | 37,5 |
| | 1928 | 415 | 100 | 1206 | 100 | 125 | 30,1 | 275 | 22,8 | 98 | 23,6 | 196 | 16,2 | 23 | 5,5 | 379 | 31,4 | 169 | 40,8 | 356 | 29,6 |
| | 1929 | 600 | 100 | 1613 | 100 | 184 | 30,7 | 372 | 22,9 | 144 | 24,0 | 288 | 17,9 | 28 | 4,7 | 432 | 26,8 | 244 | 40,6 | 521 | 32,4 |
| | 1930 | 846 | 100 | 2643 | 100 | 333 | 39,4 | 780 | 29,5 | 166 | 19,6 | 333 | 12,6 | 35 | 4,1 | 788 | 29,8 | 312 | 36,9 | 742 | 28,1 |
| | 1931 | 924 | 100 | 2811 | 100 | 385 | 41,6 | 877 | 31,5 | 166 | 18,0 | 337 | 12,0 | 35 | 3,8 | 765 | 27,2 | 338 | 36,6 | 832 | 29,3 |
| | 1932 | 981 | 100 | 3083 | 100 | 402 | 41,0 | 939 | 30,4 | 204 | 20,8 | 427 | 13,9 | 42 | 4,3 | 839 | 27,2 | 333 | 33,9 | 878 | 28,5 |
| Frankreich | 1932 | 1544 | 100 | | | 390 | 25,2 | 1080 | 27,2 | 540 | 35,0 | | | 252 | 16,3 | | | 362 | 23,5 | | |
| | 1933 | 1766 | 100 | 3970 | 100 | 539 | 30,5 | 1080 | 27,2 | 622 | 35,2 | 510 | 12,8 | 250 | 14,2 | 1380 | 34,8 | 355 | 20,1 | 1000 | 25,2 |
| U.S.A.[3]) | 1928 | 2283 | 100 | | | 1500 | 65,6 | | | 489 | 21,4 | | | 294 | 13,0 | | | | | | |
| | 1929 | 11439 | 100 | | | 3125 | 27,3 | | | 7695 | 67,3 | | | 619 | 5,4 | | | | | | |
| | 1930 | 10983 | 100 | | | 4974 | 45,2 | | | 5324 | 48,5 | | | 685 | 6,3 | | | | | | |
| | 1931 | 9595 | 100 | | | 6057 | 63,2 | | | 2818 | 29,4 | | | 720 | 7,4 | | | | | | |
| | 1932 | 7762 | 100 | | | 5128 | 66,0 | | | 1979 | 25,5 | | | 655 | 8,5 | | | | | | |

[1]) Maschinen im Besitz der Luftfahrt-Industrie, Händler und Rundfluguntemehmungen. [2]) Einschließlich Bordpersonal. [3]) Die Zahl für „Sonstiges" ist in den Zahlen für „Privatbesitz, Sportklubs und Flugschulen" enthalten.

der zur bequemen Unterbringung der Insassen dient, zeigt immer mehr außen und innen die Form und Ausstattung des privaten Personenkraftwagens. Es ist eine durchaus den Wünschen der Reisenden entsprechende Erscheinung, wenn den praktischen Erfahrungen im Limousinenbau der Kraftwagen auch im Flugzeugbau genügend Beachtung geschenkt wird. Der geschlossene Sitz dürfte dabei für private Reiseflugzeuge unbedingt, für Sportflugzeuge dagegen nach Geschmack in Frage kommen.

Über den heutigen Stand der technischen Ausbildung der Sport- und Reiseflugzeuge geben die Abbildungen 6 bis 17 für die verschiedenen am Flugzeugbau in erster Linie beteiligten Länder ein übersichtliches Bild. Eine durchweg gefällige äußere Form hat sich ganz allgemein durchgesetzt im Zusammenspiel mit den Bestrebungen, die Linienführung und Formgebung des Rumpfes sowie der übrigen Flugzeugteile nach aerodynamisch günstigen Gesichtspunkten vorzunehmen.

Die Betrachtungen zur Lage im privaten Luftverkehr dürfen nicht vorübergehen an dem Maß der Sicherheit, das er heute aufweist. Zwar wird ein aus sportlicher Begeisterung benutztes Verkehrsmittel nicht wie ein dem öffentlichen Verkehr dienendes Verkehrsmittel in bezug auf seine Sicherheit zu beurteilen sein, da jeder Sport mit gewissen Gefahren verbunden ist und gerade die Überwindung dieser Gefahren den besonderen Reiz des Sportflugs ausmacht. Aber, wenn wir über den Flugsport die allmähliche Entwicklung zum privaten Reiseflug für Berufszwecke anstreben wollen, so wird damit auch die Sicherheit größere Bedeutung erlangen und nach derjenigen im öffentlichen Verkehr zu beurteilen sein.

Wie heute die Sicherheit in der Privatfliegerei und im planmäßigen Luftverkehr sowie die Unfallursachen gelagert sind, zeigt die genaue Statistik der Vereinigten Staaten von Amerika, die in Tabelle 11 enthalten ist[1]). Während die auf einen Unfall entfallenden Flug-km in der Privatfliegerei

Tabelle 11. **Sicherheit im planmäßigen und privaten Luftverkehr in den Vereinigten Staaten von Amerika**

| Verkehrsnetz | Zahl der Unfälle | 1 Unfall auf Flug-km | Zahl der Toten | | Zahl der Verletzten | | Ursachen in % | | | | | |
|---|---|---|---|---|---|---|---|---|---|---|---|---|
| | | | Fluggäste | Personal | Fluggäste | Personal | Personalfehler | Mängel an Flugzeug | Mängel an Kraftanlage | Wetter | Flugplatz | Sonstiges |
| 1 | 2 | 3 | 4 | 5 | 6 | 7 | 8 | 9 | 10 | 11 | 12 | 13 |
| Privatfliegerei | | | | | | | | | | | | |
| 1927 | 253 | 191000 | 89 | 59 | 97 | 84 | | | | | | |
| 1928 | 1036 | 93000 | 210 | 152 | 358 | 332 | 58,6 | 4,6 | 16,0 | 4,0 | 4,3 | 12,5 |
| 1929 | 1586 | 111000 | 241 | 204 | 321 | 527 | 59,2 | 10,4 | 18,7 | 3,2 | 2,1 | 6,4 |
| 1930 | 2033 | 86000 | 213 | 152 | 358 | 313 | 55,5 | 10,3 | 16,9 | 5,0 | 9,3 | 3,0 |
| 1931 | 2205 | 69000 | 156 | 237 | 284 | 444 | 54,7 | 11,9 | 19,0 | 3,8 | 9,1 | 1,5 |
| 1932 | 1951 | 64400 | 133 | 183 | 236 | 341 | 52,3 | 12,6 | 16,8 | 7,2 | 8,6 | 2,5 |
| Planmäßiger Luftverkehr | | | | | | | | | | | | |
| 1927 | 25 | 376000 | 2 | 4 | — | 4 | | | | | | |
| 1928 | 86 | 200000 | 15 | 9 | 8 | 11 | 24,7 | 10,6 | 10,2 | 36,4 | 9,0 | 9,1 |
| 1929 | 137 | 294000 | 18 | 23 | 26 | 21 | 33,4 | 7,8 | 14,7 | 25,2 | 8,6 | 10,3 |
| 1930 | 91 | 652000 | 24 | 9 | 25 | 24 | 22,8 | 10,8 | 19,1 | 30,5 | 12,7 | 4,1 |
| 1931 | 126 | 604000 | 26 | 13 | 50 | 34 | 21,3 | 21,3 | 18,3 | 24,1 | 12,9 | 2,1 |
| 1932 | 115 | 712000 | 25 | 18 | 16 | 18 | 13,6 | 22,0 | 22,9 | 29,6 | 9,7 | 2,2 |

in den letzten fünf Jahren ständig gesunken sind, die Sicherheit also nachgelassen hat, ist es beim planmäßigen Verkehr, dessen Sicherheit immer größer geworden ist, umgekehrt. Heute entfallen in der amerikanischen Privatfliegerei 10mal mehr Unfälle auf 1 Million Flug-km als im planmäßigen Luftverkehr oder 4mal mehr Unfälle auf 1 Million Fahrzeug-km als im gesamten Kraftwagenverkehr Englands. Naturgemäß sind im Vergleich mit dem Kraftwagenverkehr die Unfallfolgen im Luftverkehr schwerer, da vor allem beim Absturz die zerstörenden Kräfte größer sind. Wie die Tabelle

[1]) Air Commerce Bulletin 1933. Departement of Commerce, Washington.

Abb. 6. Sportflugzeug, 2 Sitze, Fieseler F 5 (Deutschland)

Abb. 7. Sportflugzeug, 2 Sitze, Heinkel He 64 (Deutschland)

Abb. 8. Sportflugzeug, 2 Sitze, Klemm L 25 (Deutschland)

Abb. 9. Sportflugzeug, 2 Sitze, Messerschmidt M 55 (Deutschland)

Abb. 10. Sportflugzeug, 2 Sitze, De Havilland „Leopard Moth“ (England)

Abb. 11. Sportflugzeug, 2 Sitze, Farman F 360 (Frankreich)

Abb. 12. Sportflugzeug, 2 Sitze, Breda 39 (Italien)

Abb. 13. Reiseflugzeug, 3 Sitze, Klemm Kl 32 (Deutschland)

Abb. 14. Innenausstattung des Reiseflugzeugs Klemm Kl 31

Abb. 15. Reiseflugzeug, 6 Sitze, De Havilland „Dragon“ (England)

Abb. 16. Reiseflugzeug, 3 Sitze, Farman F 400 (Frankreich)

Abb. 17. Reiseflugzeug, 4 Sitze, Waco Modell „C“ (Vereinigte Staaten von Amerika)

zeigt, entfallen im privaten Luftverkehr von den bei Unfällen getöteten und verletzten Personen allein $^1/_3$ auf Tote.

Die wesentlichsten Ursachen für diese noch nicht genügende Sicherheit im privaten Luftverkehr liegen bei den persönlichen Fehlern, die nach Tabelle 11 mehr als die Hälfte der Unfallursachen ausmachen. Dieser Anteil charakterisiert in eindeutiger Weise die besondere Bedeutung eines geübten Fliegers für die sichere Führung im Luftverkehr. Selbst, wenn man berücksichtigt, daß in der Tabelle für die Privatfliegerei auch die Unfälle beim Schulen enthalten und naturgemäß besonders stark beteiligt sind, so bleibt doch die Tatsache bestehen, daß bei diesem Maß der Unsicherheit die Privatfliegerei für Berufszwecke stark abgeschreckt werden wird, und daß daher noch wesentliche Verbesserungen in der Sicherheit des Fliegens erzielt werden müssen. Eine strenge Schulung, dauernde Übung, Ausbau der Flugsicherung und Vermehrung der Landeplätze werden hier neben dem sicheren Arbeiten der Triebkraftanlage Verbesserungen bringen müssen.

## VI. Schlußfolgerungen

Die individuelle Verwendung des Flugzeugs durch den Verkehrsinteressenten ist grundsätzlich gegeben. Soll sie in einem für die Allgemeinheit wichtigen Umfang praktisch werden und ihren hohen ideellen Wert genügend ausschöpfen können, so werden in technischer, betrieblicher, verkehrswirtschaftlicher und staatspolitischer Hinsicht noch bestimmte Vorbedingungen zu erfüllen sein.

Die technischen Voraussetzungen für die Entwicklung des privaten Luftverkehrs in Gestalt des Sport- und Reiseflugs sind in bezug auf die Freizügigkeit von Weg und Fahrzeugen heute noch nicht genügend gegeben. Für die europäischen Länder insbesondere bilden die ausgedehnten Sperrzonen an der Grenze zahlreicher Länder die stärksten Hemmungen für die individuelle Benutzung des Flugzeugs und die Flugtouristik. Die Vermehrung der Übergangsstellen zwischen Luft und Erde ist notwendig und muß durch Anlage von Landeplätzen in der Nähe der Städte von 20000 Einwohnern und mehr erzielt werden, so daß ein engmaschiges Netz von Landeplätzen in Abständen von 40—50 km entsteht.

Die bisherige Entwicklung im privaten Luftverkehr fand eine starke Stütze in der körperlichen und charakterlichen Ertüchtigung durch den Sportflug. Die hierbei allen Hemmnissen und Gefahren zum Trotz wirksamen irrationalen und ideellen Kräfte werden auch weiterhin noch die hauptsächlichste Pionierarbeit für die Ausdehnung der Privatfliegerei zu leisten haben. Ohne die Pflege dieser Kräfte ist ein Fortschritt im Verkehrswesen vor allem aber im privaten Luftverkehr nicht denkbar. Allmählich wird sich aus der Sportluftfahrt der private Luftverkehr für Berufs- und geschäftliche Zwecke auf große Entfernungen vor allem dann entwickeln, wenn die Sicherheit der Privatfliegerei noch weiter durch gute Schulung, Übung und Verbesserung des Flugbetriebs gesteigert werden kann.

Im Rahmen der gesamten Verkehrswirtschaft gesehen, wird bei den großen Anstrengungen, die alle Landverkehrsmittel machen, ihre Geschwindigkeiten und die Reisebequemlichkeit zu erhöhen, auch die Geschwindigkeit und die Ausstattung der für private Verkehrszwecke eingesetzten Flugzeuge verbessert werden müssen. Wenn diese Verbesserungen auch weniger für den Sportflug von Bedeutung sind, so werden sie um so wichtiger werden, je mehr das Flugzeug für private Reisezwecke in Frage kommt.

Die wirtschaftliche Seite des privaten Luftverkehrs ist im Vergleich zum planmäßigen Luftverkehr und zu dem mit dem privaten Flugzeug in gewissem Wettbewerb stehenden Personenkraftwagen durchaus nicht ungünstig gelagert in allen Fällen, in denen größere Entfernungen zurückzulegen sind. Die Untersuchung hat ergeben, daß sich im Lauf der Zeit das private Luftfahrzeug für bestimmte Verkehrszwecke durchsetzen wird. Die Zahl der Personen, die dieser Entwicklung folgen wird, wird mit Rücksicht auf die für große Entfernungen vorliegenden geringen Verkehrsbedürfnisse nicht allzu groß sein, jedoch voraussichtlich groß genug, um die serienmäßige Herstellung geeigneter Flugzeugtypen für den privaten Luftverkehr zu rechtfertigen.

Bis zur Erreichung dieses Zieles wird es die Pflicht der Staaten sein, dem privaten Luftverkehr die regionale Freiheit und die finanzielle Unterstützung für seine Entwicklungszeit angedeihen zu lassen, die allen anderen Verkehrsmitteln wie vor allem dem Kraftwagen in der Anlaufzeit zugebilligt wurde. Der Staat wird im allgemeinen Volksinteresse diese Unterstützung mit um so größerer innerer Berechtigung gewähren können, als die Sportluftfahrt eines der wirksamsten Mittel zur körperlichen und charakterlichen Ertüchtigung der Jugend darstellt. In diesem Sinne ist es notwendig, daß alle Völker und Länder ihre volle Souveränität über die Mittel und Wege zur Entwicklung ihrer privaten Luftfahrt und gleiche Bewegungsfreiheit erhalten. Es liegt im Interesse aller Länder, die Vorzüge des Luftverkehrs unter Anspannung aller Kräfte und unter Beteiligung der für den technischen Fortschritt und seine sinnvolle Auswertung besonders prädestinierten Völker zum Allgemeingut zu machen.

Auf welchem Weg im einzelnen in technischer, organisatorischer sowie betriebs- und verkehrswirtschaftlicher Hinsicht dieses Ziel anzustreben ist, ist in der zweiten Abhandlung untersucht worden.

# Betriebs- und verkehrswirtschaftliche Untersuchung des Sport- und privaten Reiseflugs

Von Dr.-Ing. Helmut Kübler

## I. Der Sportflug

### 1. Die Anfänge des Sportflugs

Unter Sportflug ist Flug zur Erholung und Weiterbildung des Piloten ohne gewerbliche Absichten im eigenen oder geliehenen Luftfahrzeug zu verstehen. Wenn auch sportliche Begeisterung den Flugzeugbau vor dem Kriege entwickelt und gefördert hat, so kann doch von einem eigentlichen Sportflug mit Flugzeugen in jener Zeit nicht gesprochen werden. Die damals ausgeführten Flüge, auch die Wettbewerbs- und Überlandflüge sind als Anfangsversuche und notwendige Pionierarbeit der Fliegerei zu werten. Die Mehrzahl der an der Luftfahrt Interessierten widmete sich dem Freiballonsport. Mit den Fortschritten des Flugzeugbaus begann jedoch die Umstellung unter Vernachlässigung der Ballonfahrten. In der Nachkriegszeit wurde zunächst das Kriegsflugzeugmaterial umgebaut und für Verkehrs- und Sportzwecke verwendet. Dieses genügte als Massenerzeugnis und Konstruktion für andere Zwecke nicht den Anforderungen hinsichtlich Sicherheit und Wirtschaftlichkeit, die der Sportflug stellen muß.

Die unter dem Druck des Londoner Ultimatums in Deutschland gebauten Sportflugzeuge zeichneten sich durch die Verwendung schwächerer und wirtschaftlicherer Motoren aus. Es entstanden die Leichtflugzeuge auf Grund der Erfahrungen des Segelflugzeugbaus. Die damit errungenen Erfolge führten dazu, daß Deutschland im Pariser Luftfahrtabkommen 1926 das Verbot auferlegt wurde, wonach es in keiner Weise den Flugsport aus öffentlichen Mitteln unterstützen darf. Den im Deutschen Luftfahrt-Verband zusammengeschlossenen Vereinen ist es zu danken, daß der Luftsport damals in Deutschland nicht zum Erliegen kam.

In anderen Ländern wurde Flugsport mit ehemaligen Militärmaschinen betrieben. Da diese infolge der großen Motorleistung sehr kostspielig und damit für den Sport ungeeignet waren, mußte die Bewegung von Regierungsseite unterstützt werden. So wird in England seit 1924 vom Luftfahrtministerium den Leichtflugzeugklubs Subvention gewährt. Die Absicht besteht dabei in der fliegerischen Ausbildung und dauernden Übung der Reserveoffiziere. Die Britischen Dominions, Frankreich und Italien gewähren den Klubs Subventionen, teils nur zur Einrichtung und variable Prämien für die Leistungen, teils gleichbleibende Jahressummen. Daneben gibt es in einigen Ländern Sportflugvereinigungen, entstanden auf Betreiben privater Kreise, die auch die nötigen Finanzmittel aufbringen.

In den Vereinigten Staaten von Amerika haben sich erst, nachdem verschiedene Privatleute auf eigenen Maschinen flogen, Klubs gebildet mit dem Zweck eines Interessenverbandes zum Austausch der Erfahrungen. In ihrem Aufbau sind diese unseren Automobilklubs sehr ähnlich. Regional verteilen sie sich auf

| | | | |
|---|---|---|---|
| Westküste[1] | 9,3% | Mitte | 25,4% |
| Westen | 2,6% | Osten | 62,7% |

[1] Pirath, „Die Flughäfen in den Vereinigten Staaten von Amerika in Ausgestaltung und Betrieb", in: Heft 4 der Forschungsergebnisse des V. I. L. München 1931.

Es ist daraus zu ersehen, daß im Osten und in der Mitte infolge der guten, vorhandenen Bodenorganisation und des höheren Lebensstandards ein reges Interesse an der Sportluftfahrt einsetzt. Nach der Zahl der Mitglieder steht die Westküste mit an erster Stelle.

## 2. Die Entwicklung des Sportflugs

In welchem Umfang die Sportflugtätigkeit in den einzelnen Ländern sich bis jetzt verbreitet hat, zeigt Tabelle 1. England hat gegenüber Deutschland einen bedeutend größeren Umfang der

Tabelle 1. **Statistik der Sportflugklubs**

| Land | Zeitraum | Flugzeuge | Flugstunden | Flüge | Flug-km | Durchschn. Ausnutzung d. Flugzeuge Std./Jahr | Durchschn. Dauer d. Flüge (Spalte 4/5) Minuten |
|---|---|---|---|---|---|---|---|
| 1 | 1 | 3 | 4 | 5 | 6 | 7 | 8 |
| Deutschland . . . . . | 1926 | 18 | 21 | 209 | 2100 | 1 | 6,0 |
| | 1927 | 37 | 434 | 2456 | 43400 | 12 | 10,5 |
| | 1928 | 55 | 2646 | 12584 | 264600 | 50 | 12,5 |
| | 1929 | 64 | 4858 | 28036 | 486000 | 80 | 10,5 |
| | 1930 | 84 | 9254 | 46157 | 925400 | 111 | 12,0 |
| | 1931 | 150 | 15099 | 92269 | 1509900 | 120 | 9,8 |
| | 1932 | 170 | 20828 | 113000 | 2082800 | 122 | 11,0 |
| England . . . . . . . | 1926 | | 4358 | 10652 | 480000 | | 24,5 |
| | 1927 | | 6158 | 17221 | 678000 | | 21,5 |
| | 1928 | | 12201 | 34448 | 1400000 | | 21,5 |
| | 1929 | 85 | 18722 | 48681 | 2150000 | 220 | 23,0 |
| | 1930 | 110 | 29888 | 71911 | 3580000 | 272 | 25,0 |
| | 1931 | | 28686 | 71474 | 3450000 | | 24,0 |
| Niederlande . . . . . | 1927 | 2 | 78 | 141 | 9392 | 39 | 33,0 |
| | 1928 | 3 | 576 | 1266 | 69166 | 192 | 27,0 |
| | 1929 | 3 | 804 | 1755 | 96500 | 267 | 27,0 |
| | 1930 | 4 | 1183 | 2678 | 141961 | 296 | 18,0 |
| Schweiz[1]) . . . . . . | 1928 | 13 | 1635 | 8792 | 169700 | 125 | 11,0 |
| | 1929 | 24 | 2598 | 16061 | 291520 | 150 | 9,5 |
| | 1930 | 38 | 2838 | 17706 | 325600 | 75 | 10,0 |
| | 1931 | 56 | 4898 | 26396 | 666200 | 87 | 11,0 |
| | 1932 | 56 | 6121 | 29438 | 838700 | 110 | 12,6 |
| Kanada . . . . . . . . | 1928 | 34 | 8124 | | | 240 | |
| | 1929 | 65 | 16613 | | | 255 | |
| | 1930 | 70 | 14687 | | | 210 | |

[1]) Gesamter Sportbetrieb (Schulung und Gelegenheitsflüge).
Die Ermittlung ist in den einzelnen Ländern verschieden. Die Zahlen sind daher nur für den Vergleich der einzelnen Jahre eines Landes verwertbar.

Flugtätigkeit, damit auch bessere Ausnutzung der Flugzeuge und im Durchschnitt doppelt so lange Flüge. Aus der Tabelle geht hervor, daß Deutschland sich langsam seine Sportfliegerei aufbauen muß, während die anderen Länder durch finanzielle Erleichterungen sowohl bessere Betriebsleistungen als auch längere Flüge erreichen. Auch die durchschnittliche jährliche Benutzung der Flugzeuge ist in Deutschland noch gering, was sich besonders ungünstig auf die Selbstkosten auswirkt. Der Grund dafür dürfte in der regionalen Verteilung der Luftfahrtverbandsflugzeuge auf verschiedene Plätze liegen, die bei der geringen Anzahl von Piloten an den einzelnen Orten einen schlechten Beschäftigungsgrad verursacht. In England dagegen ist der Sportbetrieb auf einige wenige Flugplätze konzentriert.

Tabelle 2 zeigt die Dichte der Sportluftfahrt bezogen auf die Einwohner. In Europa steht England, das Land des Sports, allen Staaten weit voran. Es wird aber in den Vereinigten Staaten von Amerika von den Staaten der Westküste, besonders von Kalifornien, übertroffen, das bei 9 Pers./km², also dünner Besiedelung, sehr hohe Zahlen für Flugzeuge und Piloten angeben kann.

Tabelle 2. **Sportflieger und Sportflugzeuge 1930**[1])

| Land | Zahl der Piloten mit zivilemFührerschein für leichte Sportflugzeuge [2]) | Zahl der Sportflugzeuge | 1 Sportflugzeug auf Einwohner | Piloten je Sportflugzeug (Spalte 2/3) |
|---|---|---|---|---|
| 1 | 2 | 3 | 4 | 5 |
| Deutschland | 712 | 189 | 335000 | 3,8 |
| England | 1270 | 645 | 59000 | 2,0 |
| Frankreich | 118 | 240 | 170000 | 0,5 |
| Italien | 334 | 251 | 162000 | 1,3 |
| Niederlande | 49 | 11 | 692000 | 4,4 |
| Österreich | 46 | 48 | 136000 | 1,0 |
| Schweiz | 126 | 38 | 102000 | 3,3 |
| Australien | 403 | 107 | 59500 | 3,7 |
| Kanada | 311 | 66 | 146000 | 4,7 |
| Vereinigte Staaten von Amerika | | | | |
| Westküste | 1690 | 198 | 36200 | 8,5 |
| Westen | 338 | 58 | 72600 | 5,8 |
| Mitte | 1857 | 421 | 84500 | 4,4 |
| Osten | 3511 | 641 | 116500 | 5,5 |
| Gesamt | 7396 | 1318 | 93200 | 5,6 |

[1]) Die Unterschiede der Zahlen dieser Tabelle gegenüber den Zahlen der Tabelle 10 in der ersten Abhandlung dieses Heftes erklären sich daraus, daß einmal der Verwendungszweck (Tabelle 2) und das andere Mal die Besitzverhältnisse der Flugzeuge (Tabelle 10) zugrunde gelegt sind.

[2]) Militär- und Reservepiloten dürfen in den außerdeutschen Ländern Sportflugzeuge meist ohne zivilen Führerschein führen.

Die Anforderungen der Ausbildung, die in Tabelle 3 zusammengestellt sind, beeinflussen die Zunahme der Zahl der Piloten. Zu dieser Tabelle ist bemerkenswert, daß in England und Italien eine besondere Ausbildung für Orter in Meteorologie und Navigation hinzukommen kann.

In anderen Erdteilen sind zunächst die Britischen Dominions und Kolonien zu nennen, die eine dem Mutterland ähnliche Entwicklung der Flugtätigkeit und Organisation zeigen. Aber auch selbständige Staaten wie China, Japan, Argentinien, Brasilien und Chile haben die europäische Sportluftfahrt als Vorbild genommen, meist unter dem Einfluß der europäischen Flugzeugindustrie, die ihr Absatzgebiet zu erweitern sucht. In den Vereinigten Staaten von Amerika haben sich erst nach privater Ausbreitung des Sportflugzeugs die Besitzer zu Zweckverbänden zusammengeschlossen, deren Tätigkeit für die Entwicklung nicht die Bedeutung wie in Europa zukommt. Eine getrennte Statistik der amerikanischen Sportfliegerei ist nicht zu erhalten. Der Umfang dort ist jedoch bedeutend größer als in einem der europäischen Staaten.

## 3. Die Form der Organisation

Die betriebliche Abwicklung des Flugsports erfolgt in Europa meist auf den auch für den planmäßigen Verkehr vorgesehenen Häfen. Eine Bereitstellung von Flugplätzen rein für den Sportflug ist, abgesehen von England, nur selten erfolgt. Aus Sicherheitsgründen und um den ganzen Tag ausnutzen zu können, wird diese Trennung jedoch bei größerem Umfang der Flugtätigkeit wenigstens für Schul- und Übungsbetrieb erfolgen müssen. Sportflugzeugen, die im Bedarfsluftverkehr und im privaten Reiseluftverkehr, z. B. im Zubringerdienst für Luftverkehrsstrecken, eingesetzt werden, muß die Möglichkeit gegeben sein, die Verkehrslandeplätze anzufliegen, um rasches Umsteigen zu ermöglichen. Den Flugzeugen stehen auf größeren Plätzen eigene Hallen oder Mietplätze in den Hallen der Verkehrsgesellschaften zur Verfügung. Bei Neubauten von Sportflugplätzen genügt es, den örtlichen Verhältnissen entsprechend Boxen vorzusehen, in die die Maschinen mit zurückgeklappten Tragflächen eingebracht werden können[1]). Für nur selten angeflogene Plätze können Verankerungsmöglichkeiten und Zelt für den Anfang als genügend erachtet werden.

[1]) von Beyer-Desimon, „Flughafenanlagen". Berlin 1931.

Tabelle 3. **Befähigungsnachweis von Privatfliegern zur Erlangung der Führungsberechtigung von Sportflugzeugen bei nichtgewerblicher Personenbeförderung über Land**

| Land | Vorbedingung | | | Theoretische Prüfung | | | | Praktische Prüfung | | | | Berechtigung | | | Ausbildungskosten | | Anmerkung |
|---|---|---|---|---|---|---|---|---|---|---|---|---|---|---|---|---|---|
| | 2 Mindestalter, 3 ärztliche Untersuchung, 4 vorgeschriebene Ausbildungszeit | | | 5 Motoren- und Flugzeugkunde*, 6 Vorschrift. u. Gesetze, 7 Meteorologie, 8 Navigation | | | | 9 Geschicklichkeitsflug mit Ziellandung, 10 Besondere Ziellandungen, 11 Höhenflug mit Ziellandung, 12 Überlandflug | | | | 13 Bezeichnung der Lizenz, 14 Dauer derselben, 15 Beschränkung | | | 16 mit Ermäßigung, 17 ohne Ermäßigung RM. | | |
| 1 | 2 | 3 | 4 | 5 | 6 | 7 | 8 | 9 | 10 | 11 | 12 | 13 | 14 | 15 | 16 | 17 | 18 |
| Deutschland . . | 19 | ja | 15 Std. bei mindestens 60 Flügen | ja | ja | ja | ja | 5 ∞ | 3 | 1 Std. über 2000 m | 300km | A 1 | $1^1/_2$ Jahr | 500 kg Fluggew. | 750 | 1500 | zu 15: Klasseneinteilung der Sportflugzeuge |
| England . . . | 17 | ja | keine Vorschrift | ja | ja | nein | nein | 5 ∞ | nein | 1 Std. über 2000 m | nein | A | 1 Jahr | keine | | | zu 16/17: Bezahlung nach Stunden: Doppelstunden 40 RM., Alleinflug 25 RM. |
| Frankreich . . | 18 | ja | 25 Std. Alleinflug | ja | nein | nein | ja | 5 ∞ | nein | 1 Std. über 2000 m | nein | 2. Grad | 1 Jahr | Beförderung von 1 Person | 2500 | 3500 | Änderung der Vorschriften seit 16. IX. 1933; s. Anmerkung |
| Italien . . . . | 18 | ja | 15 Std. gesamt | ja | ja | nein | nein | 5 ∞ | nein | 1 Std. über 2000 m | nein | 2. Grad | $^1/_2$ Jahr | keine | 470 | 2300 | zu 16: Abgestuft nach Alter des Schülers |
| Verein. Staaten von Amerika | 16 | ja | 18 Std. gesamt | nein | ja | nein | nein | 3 ∞ | 3 | nein | nein | privat | 1 Jahr | keine | keine | 2250 | |

In Frankreich wird neuerdings für den Führerschein 2. Grades neben den genannten Bedingungen verlangt:
2 Flüge mit je 500 km Überlandflug auf verschiedenen Strecken,
50 Landungen auf 8 verschiedenen Flugplätzen.

Die Überholung der heutigen Sport- und Privatflugzeuge wird meist beim Herstellerwerk durchgeführt oder den Reparaturstellen der Luftverkehrsgesellschaften übertragen. Jedoch gehen die Bestrebungen dahin, mit den Flugplätzen Automobilreparaturwerkstätten zu verbinden, die nicht nur kleine Reparaturen und die Wartung an Flugzeugen und deren Motoren ausführen würden, sondern auch befähigt wären, die Grundüberholungen durchzuführen. Wie weit sich dies ermöglichen läßt, hängt von der Ausnutzung des Platzes ab. Für die Überwachung der Arbeit und der täglichen Kontrolle sollte mit dem Ansuchen um Genehmigung eines Landeplatzes der Nachweis erbracht werden müssen, daß ein Mann der Platzverwaltung nach abgelegter Prüfung befähigt ist, derartige Kontrollen auszuführen. Ihm müßte auch die Befugnis zugesprochen werden, in Fällen der Beanstandung die Starterlaubnis zu entziehen.

Die Wetter- und Streckensicherung kann kostenlos benutzt werden. Jedoch ist dies an Sonntagen gelegentlich mit Schwierigkeiten verbunden, da dann nicht alle Dienststellen besetzt sind. Aber gerade Sonntags benötigt die Sportflugbewegung derartige Einrichtungen, denn Erkundigungen über das zu erwartende Wetter auf der geplanten Strecke wird jeder Sportflieger einholen. Dabei ist für ihn hauptsächlich Strekkenwetterberatung wünschenswert. Diese kann von den Flugwetterwarten (nicht dem allgemeinen Wetterdienst) telephonisch eingeholt werden. Beratungen über die Gesamtwetterlage müßten persönlich an Hand der Karte erfolgen und würden damit eine Erweiterung des Flugwetterdienstes notwendig machen. Neuerdings wird in England dazu übergegangen, von den Sportflugplätzen Wetterberichte den in der Luft befindlichen Fahrzeugen zu senden, nachdem es gelungen ist, einen leichten Funkempfänger zu bauen und mit ihm die Flugzeuge auszurüsten. Die Verbindungsmöglichkeit in einer Richtung wird dabei für größere Flugzeuge und auf langen Strecken nicht genügen, so daß Sender und Empfänger vorzusehen wären. Für den Sportflug in der Nähe der Plätze ist jedoch deren Verwendung zu weitgehend und nicht notwendig.

Nicht immer ist die Durchgabe von Start- und Landemeldungen notwendig, die beim Sportflieger nur aus dem Grunde erfolgen, um bei Unfällen rechtzeitig Hilfe bringen zu können, da für ihn der verkehrliche und betriebliche Wert der Meldungen nicht vorhanden ist. Auf kleinen Plätzen, die nicht untereinander dauernd verbunden sind, werden diese Meldungen wegfallen können. Soweit nicht besondere Kabel für die Sicherung liegen, wurde schon der Wunsch ausgesprochen, beschleunigten Telegrammverkehr mit den Wetterstellen zu Vorzugspreisen einzurichten. Es ist Sache der Postverwaltung, stets mit den Flugplätzen Verbindung möglichst rasch und vorzugsweise herzustellen.

Die geringe Anzahl nachtbeleuchteter Strecken ließ ausgesprochenes sportliches Nachtfliegen noch nicht zu, besonders auch weil die mitzuführenden Geräte wie Funk- und Blindfluginstrumente in Anschaffung, Erlernung und Bedienung zu kostspielig und schwierig sind. Eine nur gelegentliche Benutzung führt leicht zu Unfällen, weshalb in Deutschland bis jetzt noch nicht Erlaubnis zur Blindflugschulung an Sportflieger erteilt wurde. Dagegen wird aus England von besonderen, gut besuchten Kursen Mitteilung gemacht, so daß damit zu rechnen ist, daß auch andere Länder dem Beispiel folgen, um so mehr, als die zugehörigen Instrumente immer mehr von den Fliegern auch für Tagflüge angefordert werden.

Die Finanzierung des Sportflugs ist je nach dem Zweck und dem Erfolg in den einzelnen Ländern verschieden. Manche Staaten bilden durch die Sportflugklubs ihren fliegerischen Nachwuchs für Heer und Marine heran. Jeder englische Leichtflugzeugklub erhielt zunächst zwei Flugzeuge und einen Reservemotor zur Verfügung in Höhe von maximal 40000 RM., einen etwaigen Restbetrag in bar[1]). Darüber hinaus bot sich das Luftfahrtministerium an, bei vollständiger Vernichtung einer Maschine die halben Kosten zu übernehmen und gewährte einen Ausbildungszuschuß von 200 RM. für jeden Flugschüler. Später wurde dieser Satz auf 1000 RM. bei Erlangung eines Führerscheins erhöht und Zuschüsse von 30 RM. für jede Flugstunde Schulflug überwiesen. Werden nach Klemm[2]) die durchschnittlichen Selbstkosten einer Ausbildung auf einer 80-PS-Maschine zu rund 1600 RM. berechnet, so würden diese in England durch die Staatsbeihilfe gedeckt. Darüber hinaus soll jeder Verein bis zu einem Jahresbetrag von 40000 RM. jährlich 200 RM. je Mitglied, das Pilot ist, erhalten. Auch in Australien und Kanada werden Flug- und Ersatzmaterial auf Staatskosten beschafft. Die Regierungen bezahlen dann laufend die Fluglehrer und gewähren Ausbildungsprämien. Die australische Regierung gibt für Anfängertraining jeweils 2 Maschinen an die Klubs ab, und die kanadische stellt darüber hinaus in den ersten fünf Jahren je ein weiteres Flugzeug kostenlos zur Verfügung, so oft sich der Klub aus eigenen Mitteln eine Maschine beschafft.

Frankreich und Belgien gewähren Ankaufs- und Unterhaltungsprämien an die Halter von Sportflugzeugen. Als Anhaltspunkt werden die Ankaufsprämien[3]) für ein zweisitziges Kabinenflugzeug Potez 36 mit 95-PS-Motor angegeben:

---

[1]) Air Annual of the British Empire. London 1928—1931.

[2]) Klemm, „Zur Frage der fliegerischen Ausbildung bei den D. L. V.-Vereinen und bei den Schulen der Deutschen Luftfahrt-G. m. b. H.".

[3]) L'Aérophile 1930, Sondernummer.

Seit August 1933 etwas abgeänderte Bestimmungen:

Ankaufsprämie:

a) fester Satz . . . . . . . . . . . . . . . 1280 RM.

b) Prämie für Nutzlast:
für den 1. Passagierplatz . . . . . . . . 1600 „

| | |
|---|---|
| a) fester Satz | 1280 RM. |
| b) Prämie für Nutzlast | 1600 „ |
| c) Prämie für den Motor | 1440 „ |
| d) Zusatzprämie für Sicherheit (Bremsen) | 280 „ |
| Gesamte Ankaufsprämie | 4600 RM. |

Reservepiloten des Heeres und der Marine erhalten eine weitere Ermäßigung von 20% des Fabrikpreises, der sich im vorliegenden Fall auf 10000 RM. beläuft. Der Käufer hat hiervon also nur 54% bzw. 36% zu bezahlen.

Die Unterhaltungsprämien[1]) sind so gestaffelt, daß sie einen Anreiz zur häufigen Benutzung geben, da die Kostenlinie degressiv mit den Flugstunden verläuft. Die Prämien betragen bei Landflugzeugen bei einer durchschnittlichen Zahl der Betriebsstunden je Jahr von

| | | | |
|---|---|---|---|
| 101—150 Stunden | 1,05 RM./Std. | 201—250 Stunden | 2,15 RM./Std. |
| 151—200 „ | 1,35 „ | mehr als 250 „ | 2,55 „ |

Für Wasserflugzeuge erhöht sich der Satz um 15%, für Amphibien um 30%. Verschiedene Klubs und Privatschulen sind verpflichtet, Leute mit Stipendien vor ihrer militärischen Ausbildung zu Flugzeugführern heranzubilden. Sie erhalten dafür 4800 bis 6400 RM. je Schüler; jeder Sportflieger erhält neuerdings 320 RM. als Ausbildungsprämie. Italien beschafft für seine Reservefliegeroffiziere Maschinen, die diesen kostenlos zur Verfügung gestellt werden. Außerdem stehen ihnen Betriebsstoff und die staatlichen Reparaturwerkstätten ohne Entgelt zur Verfügung. Polen gewährt Subvention nach den Betriebsleistungen, soweit polnisches Material zur Verwendung kommt. Die Tschechoslowakei gewährt jedem tschechischen Käufer von heimischen Sportflugzeugen einen Zuschuß von 50% des Kaufpreises.

Nur in Deutschland und Österreich darf auf Grund des Pariser Luftfahrtabkommens die öffentliche Hand in keiner Weise die Sportluftfahrt unterstützen. Diese einseitige Bindung, bei der die Vereine vollständig auf die Zahlungen ihrer Mitglieder angewiesen sind, muß im Interesse des Luftverkehrs aufgehoben werden, denn zwischen Sport und Verkehr bestehen enge Wechselbeziehungen. Ein guter Beschäftigungsgrad der Flugzeugindustrie mit dem Bau von Sportflugzeugen kommt den Verkehrsflugzeugen zugute, da die technischen Neuerungen stets durchgeführt und die allgemeinen Unkosten auf eine größere Zahl von Einheiten umgelegt werden können, vor allem aber hat der Sportflug stark werbenden Wert für den Luftfahrtgedanken. Andererseits findet die Sportluftfahrt auf Plätzen, die vom planmäßigen Verkehr angeflogen werden, stets Hilfe und alle zweckmäßigen Einrichtungen vor. Die von den einzelnen Staaten für die Sportluftfahrt jährlich ausgeworfenen Gelder sind in Tabelle 4 zusammengestellt.

Eine wichtige organisatorische Vorbedingung für die Entwicklung des Sportflugs ist, daß die Schulung neben beruflicher Tätigkeit ermöglicht wird. Der bisher nötige Zeitaufwand und die Einteilung der Schulung erfordert die freie Verfügung über längere Zeit. Sodann muß den Piloten auch die Möglichkeit gewährt werden, zu fliegen. Für solche, denen das Halten einer eigenen Maschine zu kostspielig ist, könnte eine der Selbstfahrerunion mit Kraftwagen ähnliche Organisation geschaffen werden, die gegen stündliche Berechnung Flugzeuge verleiht. Die bisher üblichen Maschinen mit 20—40 PS werden weiterhin zum Übungsflug, d. h. meist Platzflug, Verwendung finden. Als Überlandmaschinen für Sportflieger, also hauptsächlich für Schönwetterflüge — Flüge bei guten Sichtverhältnissen, geringer Böigkeit und günstiger Wettervoraussage — kommen die heutigen Konstruk-

---

| | |
|---|---|
| für den 2. Passagierplatz | 1440 RM. |
| für den 3. Passagierplatz | 800 „ |
| c) Prämie für den Motor: | |
| bis zu 60 PS | 10 RM./PS |
| 60—90 PS | 16 „ |
| 90—120 „ | 29 „ |
| 120—150 „ | 16 „ |

Die Unterhaltungsprämien sind nun weggefallen.

[1]) Siehe Fußnote 3, S. 31.

Tabelle 4. **Staatsbeihilfen für Sportfliegerei und Fliegerschulen 1930**

| Land | Gesamte Ausgaben für Zivilluftfahrt | Beihilfen für Sportfliegerei je Kopf der Bevölkerung | |
|---|---|---|---|
| | Millionen RM. | RM. | RM./Einwohner |
| 1 | 2 | 3 | 4 |
| Deutschland | 45,8 | — | — |
| England | 12,0 | 3980000 | 0,09 |
| Frankreich | 70,7 | 6000000 | 0,15 |
| Italien | 17,0 | 440000 | 0,01 |

tionen mit 60—100 PS in Betracht, die genügend leistungsfähige Motoren haben, um ungefährdet größere Strecken befliegen zu können.

Die Verwendung von Sportflugzeugen zu verkehrlichem Zweck für Rundflüge und Bedarfsluftverkehr ist den erhöhten Anforderungen der gewerblichen Luftfahrt unterworfen. Diese verlangen Zulassung des Führers für gewerbliche Personenbeförderung, Anstellung eines ständigen Monteurs, Eignung der Flugzeuge für Ausführung gewerblicher Flüge, neue Zulassung der Maschine und Kontrolle nach den kürzesten Fristen. Da die Flüge außerdem im allgemeinen nur von Flughäfen I. oder II. Ordnung aus durchgeführt werden sollen und durch die genannten Bedingungen mehr Kosten entstehen, wird gewerbsmäßige Verwendung von Sportflugzeugen nur selten ermöglicht. Mit Rücksicht auf die Sicherheit und die Werbung der Sportluftfahrt, die nicht durch Unfälle in einem derartigen Privatverkehr gestört werden darf, muß dieser Zustand erhalten bleiben.

## II. Der private Reiseflug

### 1. Die betriebswirtschaftlichen Grundlagen

Unter privatem Reiseflug ist Fliegen im eigenen Luftfahrzeug ohne Absicht auf Einnahmen verstanden. Die Reise kann geschäftlicher Art sein oder zur Erholung und zum Vergnügen erfolgen. Die Begriffe Sportflug (Überlandflug) und Lufttouristik sind für den letzteren Fall identisch. Die weiteren Untersuchungen beziehen sich vorwiegend auf die Geschäftsreise, können jedoch auch auf die Lufttouristik angewandt werden, deren Anforderungen allerdings nicht so weitgehend sind. Die betriebswirtschaftlichen Grundlagen erstrecken sich auf Flughäfen, Strecken und Flugmaterial jeweils hinsichtlich Bereitstellung, Unterhaltung und Betrieb. Die Anforderungen an das einzusetzende Flugzeug werden wegen ihrer Wichtigkeit in einem besonderen Abschnitt behandelt werden.

#### a) Anordnung, Ausbau und Betrieb der Flugplätze

Über die Trennung der Sport- und Verkehrsflugplätze ist schon gesprochen worden. Da der Reisende am Ziel seines Flugs Wert darauf legt, möglichst nahe an den Mittelpunkt der Stadt heranzukommen, wird er den Platz benutzen, der die kleinere Zufahrtstrecke hat. Bei beabsichtigtem Übergang auf den planmäßigen Luftverkehr oder bei Zwischenlandungen aus betrieblichen Gründen werden stets die Verkehrslandeplätze bevorzugt werden, da diese im Ausbau und den Hilfsmitteln für Flieger den anderen Plätzen überlegen sind. Den bisherigen Ausbau europäischer Flughäfen zeigt Tabelle 5; aus ihr ist zu ersehen, daß Hallen und Werkstätten schon in großem Umfang vorgesehen sind[1].

Tabelle 5. **Stand des Ausbaus der Zivillandeplätze 1931**

| | Deutschland | England | Frankreich |
|---|---|---|---|
| Zahl der untersuchten Plätze | 131 | 43 | 53 |
| Davon haben: | % | % | % |
| Hallen | 66 | 77 | 72 |
| Werkstätten[2]) | 59 | 72 | 55 |
| Nachtbefeuerung | 43 | 21 | 43 |
| Peildienst | 14 | 5 | 11 |
| Wetterwarten | 30 | 9 | 40 |
| Flugfunkstellen | 24 | 9 | 32 |
| Zollabfertigung | 28 | 12 | 28 |
| Betriebsstoffversorgung | 97 | 93 | 94 |

[1]) Internationales Flughandbuch 1931, Paris. [2]) Teilweise nur Autoreparaturwerkstätten.

In Deutschland kommen zu diesen Plätzen noch 160 Hilfslandeplätze hinzu, die im allgemeinen — soweit sie nicht an Nachtflugstrecken liegen — weder mit Personal besetzt, noch mit besonderen Einrichtungen versehen sind. Fast alle Plätze sind zur Betriebsstoffergänzung eingerichtet. Der Einfluß der Entfernung eines Flugplatzes vom Stadtzentrum auf die Verkehrsentwicklung nimmt mit der Zunahme der Transportweite ab. Da bei dem privaten Reiseverkehr jedoch sowohl Reisen in der Nahzone wie in der kontinentalen Fernzone zur Durchführung kommen, sollte der Abstand des Flughafens von der Stadtmitte möglichst klein sein. Die durchschnittliche Entfernung der Plätze vom Verkehrsmittelpunkt beträgt heute in

| | |
|---|---|
| Deutschland . . . . . . . | 4,5 km |
| England . . . . . . . . . | 5,7 „ |
| Frankreich . . . . . . . . | 4,8 „ |
| Italien . . . . . . . . . . | 6,2 „ |

Die Zahl der Flughäfen in den einzelnen Ländern ist in Tabelle 6 angegeben unter Einschluß der Hilfslandeplätze, zu denen auch die Militärflugplätze zu rechnen sind, die in Notfällen dem Privatflieger gestatten, auf vorbereitetem Gelände zu landen. Die Gruppierung der Flugplätze zu den Städten und die verkehrswirtschaftlichen Forderungen für den weiteren Ausbau von Landemöglichkeiten zeigt Tabelle 7. Im Vergleich zu den anderen Ländern ist der heutige Stand in

Tabelle 6. **Landemöglichkeiten auf vorbereitetem Gelände**

| Land | Landflugplätze | | | Wasserflugplätze | | | Flugplätze für öffentlichen Verkehr auf 10000 km² | |
|---|---|---|---|---|---|---|---|---|
| | Militär | Zivil | Privat | Militär | Zivil | Privat | Land | Wasser |
| 1 | 2 | 3 | 4 | 5 | 6 | 7 | 8 | 9 |
| Belgien . . . . . . . . | 8 | 6 | 4 | — | — | — | 3,3 | — |
| Deutschland . . . . . . | — | 260 (160) | 4 | — | 12 | — | 5,6 | 0,2 |
| England . . . . . . . . | 39 | 30 (1) | 15 | 4 | 7 | 5 | 1,9 | 0,5 |
| Frankreich . . . . . . . | 94 | 44 (2) | 14 | 11 | 4 | 3 | 1,1 | 0,1 |
| Italien . . . . . . . . . | 6 | 21 | 1 | 8 | 17 | 1 | | |
| Schweiz . . . . . . . . | — | 25 | 2 | — | 10 | — | 6,5 | 2,4 |

Die Zahlen in Klammern geben die Hilfslandeplätze an. Diese sind in der vorhergehenden Zahl enthalten.

Tabelle 7. **Verteilung der Städte nach ihrer Wertigkeit in der Luftfahrt nach dem Stand im Jahre 1931**

| Einstufung der Städte | | Deutschland | | | England | | | Frankreich | | |
|---|---|---|---|---|---|---|---|---|---|---|
| Klasse | Einwohner | Zahl der Städte | Durchschn. Zahl der Einwohner | Städte mit Flughäfen | Zahl der Städte | Durchschn. Zahl der Einwohner | Städte mit Flughäfen | Zahl der Städte | Durchschn. Zahl der Einwohner | Städte mit Flughäfen |
| 1 | 2 | 3 | 4 | 5 | 6 | 7 | 8 | 9 | 10 | 11 |
| I | 500001 u. mehr | 10 | 1026000 | 10 | 5 | 1990000 | 4 | 3 | 1360000 | 2 |
| II | 100001—500000 | 37 | 223000 | 32 | 45 | 188000 | 10 | 14 | 158000 | 11 |
| III | 50001—100000 | 45 | 70000 | 30 | 60 | 71000 | 6 | 33 | 71000 | 14 |
| IV | 20001—50000 | 149 | 30500 | 48 | 47 | 37200 | 6 | 111 | 29500 | 38 |
| V | 10001—20000 | 260 | 13600 | 29 | 22 | 13600 | 2 | 204 | 13800 | 13 |
| VI | 5001—10000 | 660 | 7100 | 68 | | | 31 | 430 | 6800 | 12 |

Bemerkung: In der Tabelle sind nur Landflugplätze, die dem privaten Luftverkehr freigegeben sind, aufgeführt. Ein Flugplatz wurde nur gezählt, wenn die Entfernung vom Stadtzentrum

| | |
|---|---|
| bei Städten der Klassen I, II. . . . . . . . . | kleiner als 20 km, |
| bei Städten der Klassen III, IV . . . . . . . | kleiner als 7 km, |
| bei Städten der Klassen V, VI . . . . . . . . | kleiner als 5 km ist. |

Deutschland befriedigend, da er schon in weitem Maß die Durchführung beliebiger Luftreisen und das Aufsuchen vieler Städte ermöglicht. Lokale Wünsche und der Bau von Flugplätzen bei Städten herab bis zu 20000 Einwohnern werden das Netz der Landegelegenheiten weiterhin engmaschiger machen, dadurch auch dem planmäßigen Luftverkehr zur Sicherung ein gut ausgebautes Netz von Hilfsflugplätzen gewähren.

Für die Neuanlage von Plätzen für den Privatluftverkehr ist folgendes zu beachten. Die Platzausmaße können klein sein, wenn der Verkehr nicht groß ist und auf die Einschwebezone erhöhte Aufmerksamkeit gelegt wird. Flächen von rund 500 m Durchmesser werden in diesen Fällen genügen. Der Platz soll gut erkennbar sein und bei mäßiger Neigung (höchstzulässig 1 : 120 bis 1 : 150) eine ebene Fläche mit guter, fester Grasnarbe haben. Auf Nebelfreiheit und Windverhältnisse, sowie Stadtnähe und Verkehrsverbindungen, Telephonanschlüsse an die benachbarten Wetterstellen und Flughäfen ist weitgehendst zu achten[1]). Der Platz ist mit Unterstellungsmöglichkeiten für einige Flugzeuge zu versehen. Dabei sind jedoch nur Boxen vorzusehen, in die die Maschinen mit zurückgeklappten oder abgenommenen Flächen eingebracht werden können. Die Zahl der Unterstellungsmöglichkeiten ist nach dem ermittelten Umfang des Flughafenbetriebs festzusetzen.

Die Angabe[2]), daß es in England schon 1931 im Besitze von Privatleuten 99 zugelassene Landeplätze für Wochenendflüge gab, zeigt das Interesse Englands an der Sportfliegerei, gleichzeitig aber auch das Verständnis des Staates für die neue Lage und die dadurch bedingte Förderung. Die meisten der Plätze werden zwar vorerst noch mangelhaft ausgebaut sein. Durch die weitere Ausbreitung des Privatluftverkehrs werden aber auch sie planmäßig angelegt werden. Für kleinere Reparaturarbeiten, die auf der den Boxen vorgelagerten befestigten Plattform vorgenommen werden, sind dringend notwendige Werkzeuge bereitzuhalten. Wo es möglich ist und wirtschaftlich erscheint, eine auch dem Autoverkehr dienende Reparaturwerkstätte mit dem Flugplatz zu verbinden, kann dies geschehen, wenn Spezialarbeiter aus dem Flugzeugbau beschäftigt werden. Weiterhin sind auf diesen einfachen Plätzen Windrichtungsanzeiger, Tankstellen für Benzin, Öl und Wasser und ein Unterkunftsraum für Flugplatzpersonal und Reisende zu erstellen. Auf Grund von besonderen Untersuchungen[3]) kann der Anschaffungspreis eines einfachen Flugplatzes ohne Grunderwerb, Werkstätten und Nachtbeleuchtung zu 10000 RM. angenommen werden. Die jährlichen Unterhaltungskosten eines ausgebauten Platzes können durchschnittlich mit 3500 RM. angesetzt werden ohne Einrechnung von Verzinsung und Abschreibung.

Die Unterhaltung eines Sportflugplatzes erfordert je nach Benutzung kleinere oder umfangreichere Arbeiten. Bei geringer Zahl der Starts und gutem Wasserabfluß werden sich die Arbeiten auf Rasenpflege beschränken[4]). Die Betriebsleitung kann je nach der Größe des Platzes einem Flugleitermonteur oder neben- bzw. hauptamtlichen Beamten der Platzverwaltung übertragen werden. Die Tätigkeit des Flugleiters von Plätzen, die nicht im planmäßigen Verkehr angeflogen werden, besteht in Einholen von Wetternachrichten, Kassieren der Gebühren, Sorge für Unterstellung und Wartung der Maschinen und Führen der Statistiken. Je nach dem Umfang muß der Dienst unterteilt und bei guter Zusammenarbeit weiteren Stellen übertragen werden.

### b) Strecken

Die Verbindung der Netzpunkte auf dem Luftwege erfordert zur sicheren Durchführung eine Anzahl von Vorkehrungen. Zunächst ist zur zweckmäßigen Durchführung eines Flugs die Meldung eines gut durchgebildeten Wetterdienstes notwendig, dessen Beobachtungsstationen möglichst zahlreich und gut verteilt sein sollten. Die bisher im Betrieb befindlichen Flugwetterstellen in Mitteleuropa und besonders in Deutschland werden hierfür ausreichend sein[5]). Ihre Beratungen dürfen sich jedoch nicht nur auf den planmäßigen Verkehr beschränken und müssen besonders auch an Sonntagen überall zu erhalten sein. Ebenso ist der Flugstrecken- und Flugzeugfunkdienst

---

[1]) Petzel, „Die Flugsicherung im europäischen Luftverkehr", in: Heft 6 der Forschungsergebnisse des V. I. L. München 1933.

[2]) Report on the Progress of Civil Aviation 1931, London.

[3]) Pirath, „Die Flughäfen in den Vereinigten Staaten von Amerika" a. a. O.

[4]) Schwarz, „Anlage, Pflege und Nutzung des Rollfeldrasens" in: „Flughafenanlagen" von Beyer-Desimon. Berlin 1931.

[5]) Petzel, „Die Flugsicherung im europäischen Luftverkehr" a. a. O.

auch der Privatfliegerei zur Verfügung zu stellen. Das amerikanische System der Telephonie, der Radio Range Beacons, des Wettermeldedienstes und der Kurspeilung[1]) erscheint für den privaten Reiseflug günstiger und einfacher zu sein, da jeder nach Belieben die gegebenen Mitteilungen mithören kann. Die in Deutschland übliche Telegraphie ist für den nicht genügend vorgebildeten und nicht dauernd in Übung bleibenden Piloten zu schwierig, daneben auch besonders in Fällen, in denen die Benutzung notwendig wird, für den Führer einer Maschine fast unmöglich.

Wichtig erscheint für den privaten Reiseflug die Verbindungsmöglichkeit zwischen Flugzeug und Bodenstelle zwecks Empfang von Luftfahrtnachrichten, besonders von Wetter- und Gefahrenmeldungen, wie Vereisungsgefahr, Beratung über Gewitterfronten und Windänderungen. Diese müssen der leichten Aufnahmefähigkeit wegen telephonisch gegeben werden. Sie werden zweckmäßig in bestimmten Zeitabständen ausgesandt werden. Darüber hinaus sollte der Pilot solche Meldungen anfordern und auch Notmeldungen abgeben können. Es wäre daher zweckmäßig, einen Flugzeugsender vorzusehen, der durch eine bestimmte einmalige Einstellung automatisch hierfür jeweils ein international festgelegtes Zeichen telegraphisch aussendet, auf das die Bodenstelle telephonisch antwortet. Die sprachlichen Unterschiede schon bei kleinen Entfernungen und die größeren Apparategewichte erschweren allerdings telephonische Verständigung. Eigenstandortsbestimmungen mittels Funk sind für Privatflieger unmöglich[2]). Es dürfte aber genügen, wenn jeder häufig angeflogene Flugplatz eine nach allen Seiten ausstrahlende Funkbake erhält, die, ohne die Reichweite der benachbarten Sender zu überdecken, dem Flugzeug ermöglicht, den Platz aufzufinden. Für die hierfür verlangte kleine Reichweite brauchen nur geringe Energien aufgewandt zu werden.

Neben der Organisation zur Hilfe bei der Navigation muß auch die Eigenorientierung erleichtert werden, einmal durch Verbesserung des Kartenmaterials und dann durch Kennungszeichen. Das erstere ist insofern schwierig, weil der Privatflieger nicht besondere Linien befliegt, die Karten daher größere Flächen überblicken lassen müssen, um nicht gezwungen zu sein, für jeden Flug einzelne Karten auszuwählen. Als Maßstab kommen hierfür etwa 1 : 500000 bis 1 : 800000 in Betracht, die besonders für die Luftfahrt bearbeitet sind. Außerdem wird es trotz Funkpeilung zweckmäßig sein, eine Tagkennung in gleichartigen Gebieten ohne besonders charakteristische Anhaltspunkte durchzuführen. Die Beschriftung der kleineren Orte kommt dabei meist nicht in Betracht, da es für einen von seiner Richtung abgekommenen Piloten unmöglich sein wird, den festgestellten Ortsnamen in der Karte zu finden. Eine Erleichterung in gleichartigem Gelände, wie etwa im Flachland mit parallel gezogenen Kanälen bilden jedoch unterschiedlich gekennzeichnete Tagesbaken — Markierungen mit Unterscheidungsmerkmalen in der Form von Holzgerüsten mit gut sichtbaren Flächen —, wie sie in Frankreich durch Unterstützung der Brennstoffgesellschaften versuchsweise eingerichtet wurden[3]). Diese sollen es dem Piloten, der vor dem Flug die Karte eingehend studiert hat, nach Abkommen von seiner Richtung ermöglichen, wieder Anhaltspunkte für den richtigen Kurs zu finden. Der Abstand solcher Baken hängt vom Gelände ab; die Aufstellung erfolgt als Eckpunkte eines Koordinatensystems. Ein weithin sichtbarer Pfeil mit der Entfernungsangabe des nächsten Flugplatzes mag diese Orientierungspunkte vervollständigen. Dabei muß auch gesagt werden, daß die Zivilflugplätze besser zu kennen sind.

Der Streckenausbau erfordert sodann zur Erhöhung der Sicherheit die Einrichtung von Notlandeplätzen, die im idealen Netz so angeordnet sind, daß das genügend hoch fliegende Flugzeug stets nach Aussetzen seiner Energiequelle vorbereitetes Gelände erreicht. In Amerika sind hierfür großzügige Projekte in Bearbeitung, die durchschnittlich alle 25 km Hilfslandefelder vorsehen. In Deutschland ist der durchschnittliche Landeplatzabstand zur Zeit rund 60 km. Es ist jedoch anzustreben, daß dieser Abstand durch Anlegen neuer Landeplätze auf 40—50 km verringert wird. Mit dem Wachsen der Sportfliegerbewegung werden auch die Hilfslandeplätze, die heute keinerlei Einrichtungen aufweisen, teilweise besetzt sein und kleine Hilfeleistungen ermöglichen.

---

[1]) Rößger, „Grundlagen der Luftverkehrssicherung in den Vereinigten Staaten von Amerika“, in: Heft 6 der Forschungsergebnisse des V. I. L. München 1933.

[2]) Petzel, „Betriebsorganisation des Flugfunkdienstes“, in: Faßbender, Hochfrequenztechnik in der Luftfahrt. Berlin 1932.

[3]) Duval, „La Navigation“, in: L'Aérophile 1930, Sondernummer.

Nachtbeleuchtung wird der Privatflieger nur in seltenen Fällen benutzen. Das für den planmäßigen Verkehr ausgebaute Nachtflugnetz wird ihm erlauben, auf solchen Strecken wenigstens die Stunden der Dämmerung noch zum Flug auszunutzen. Ausreichende Kenntlichmachung der Luftfahrthindernisse bei Nacht ist dabei Voraussetzung.

### c) Betriebstechnische Arbeiten

Die betriebstechnischen Arbeiten, wie Überholung, Reparaturen und Kontrolle setzen ein großes Maß von Erfahrung und Fertigkeit voraus, so daß im Hinblick auf die nötige Sicherheit diese Arbeiten meist nicht vom Flugzeugeigner erledigt werden können. Höchstens Reinigen und tägliche Wartung können von Laien ausgeführt werden. Andererseits verteuern gerade die Löhne der Spezialarbeiter die Haltung eines Flugzeugs sehr. Zur Selbstkostensenkung, einer Voraussetzung des privaten Reiseflugs, muß daher eine Organisation geschaffen werden, die diese Arbeiten billiger durchführt. Die Einrichtung von Automobilwerkstätten, die die Flugzeuge warten und kleinere Reparaturen ausführen und auch für die Verbindung zwischen Flugplatz und Stadtzentrum Autos bereitstellen, ist schon besprochen worden. Je nach Lage und Größe des Platzes würde die Anstellung eines Monteurtankwarts genügen. Für größere Plätze dürfte sich eine Vereinigung der Privatflugzeugbesitzer im Rahmen des Luftsportverbandes zweckmäßig erweisen, die entsprechende Überholungsstellen einrichtet und das Personal anstellt. Im weiteren Ausbau können derartige Plätze dann auch als zentrale Ersatzteillager benutzt werden, die benachbarte kleinere Plätze rasch versorgen können. Um die Lager klein halten zu können und damit nur geringes totes Kapital anlegen zu müssen, sind möglichst viele Teile der verschiedenen Typen zu normalisieren und gegenseitig austauschbar zu machen.

Überholungen der Zelle müssen im Privatgebrauch nach bisherigen Erfahrungen nach etwa 400 Stunden durchgeführt werden. Generalüberholungen, wenigstens der Zelle, werden wohl immer im Herstellerwerk oder bei einer Lizenzfirma erledigt. Dabei bleibt für europäische Staaten die in Amerika oft unangenehm empfundene große Zubringerstrecke zur Werkstätte der Lieferfirma in bescheidenen Grenzen. Die Erstellung von kleinen Reparaturwerken von seiten der Firmen in ihren größeren Absatzgebieten dürfte sich daher auch in Europa nicht befürworten lassen.

### d) Sicherungen und Kontrolle

Die Kontrollen, sowohl die täglichen wie auch diejenigen nach Reparaturen sind beim privaten Reiseflug in viel weitgehenderem Maße durchzuführen als bei Flugzeugen, die von berufsmäßigen Piloten gesteuert werden, da deren Schulung auch hinsichtlich des Entdeckens von Fehlern, ehe sie zur Gefahr werden, besser ist. Besonders in der Anlaufzeit darf der werbende Wert einer großen Sicherheit nicht unterschätzt werden. Es wird daher zweckmäßig sein, eine Stelle zu schaffen, die entweder selbst Kontrollen und Prüfungen der Maschinen vornimmt oder entsprechende Berufe ausbildet. Diese Tätigkeit könnte im Rahmen des obenerwähnten Interessenverbandes erfolgen, da derartiges Personal meist billiger arbeiten kann, als die zentralisierten Dienststellen der Behörden. Die Kontrollbeamten müssen jedoch unabhängig von den Werkstätten und zuverlässig sein. Ihre Tätigkeit soll nicht schematisch sein, sondern erziehend und beratend zum technisch richtigen Betrieb wirken.

Bei der Schulung muß in vielen Ländern auf praktische Ausbildung größerer Wert gelegt werden. Der Erziehung zu Mut und Ausdauer muß die zur Pünktlichkeit, Ordnung und exakten Pflege des Materials beigeordnet sein. Die Rekordschulung innerhalb weniger Tage als Reklame für die Schule darf nicht allgemein üblich werden, da hiermit große Gefahren verbunden sind. Eine bestimmte Dauer der Schulung, Begrenzung der täglichen Übungszeiten und Ausbildung bei möglichst allen Wetterlagen, wie in vielen Ländern schon verlangt, wird bei straffer Durchführung die Sicherheit weitgehendst erhöhen.

## 2. Die verkehrswirtschaftlichen Grundlagen

Die allgemeinen Forderungen und Voraussetzungen für ein Verkehrsinstrument können zusammengefaßt werden in Regelmäßigkeit, Leistungsfähigkeit, Sicherheit und Wirtschaftlichkeit.

Da das Flugzeug im Besitze Privater ein Verkehrsmittel sein soll, muß es auch diesen allgemeinen Anforderungen genügen.

Der Reisende, der sich des eigenen Flugzeugs im Geschäftsinteresse bedient, wird, da er mit der Zeitersparnis durch das schnellere Verkehrsmittel rechnet, seine Abreise auf einen Zeitpunkt verlegen, bei dem die Erreichung des Zieles zur festgesetzten Zeit mit anderen Verkehrsmitteln nicht mehr möglich ist. Es muß also gute Regelmäßigkeit gewährleistet sein. Zu diesem Zweck muß die Maschine möglichst bei jedem Wetter fliegen können. Die hierfür notwendigen Einrichtungen werden später untersucht werden. Vollkommene Pünktlichkeit wird wegen der Witterungseinflüsse nie erreicht werden können. Jedoch vermag jeder Pilot auf Grund seiner Erfahrungen entsprechende Zuschläge zu machen, um rechtzeitig am Zielort anzukommen.

In engem Zusammenhang mit der eben erörterten Frage steht die Erwägung, ob Flüge bei jedem Wetter einem nicht gewerbsmäßig fliegenden Piloten zugemutet werden können. Der Eigenbesitzer, der am Ziel möglichst ausgeruht ankommen soll, um dort zu arbeiten, wird selten die Zeit zur Verfügung haben, um eine Aus- und Weiterbildung durchzumachen, wie er sie für solche Fälle benötigt. Besonders auch ein Rückflug nach anstrengender Tätigkeit ist sehr gefährlich und gibt zu Bedenken Anlaß. Da ein genügendes Maß von Sicherheit geboten werden muß, erscheinen die Forderungen eines zweiten Piloten, der mindestens im Fluge ablöst, für solche Allwetterflüge angebracht. Für Geschäfte und Dienststellen ist es natürlich zweckmäßig, wenn beide Piloten am Zielorte Geschäftliches erledigen können. Andernfalls fällt dem Hilfspiloten die Wartung und Überwachung der Maschine zu. Als Höchstgrenze täglicher Leistungen mit Rücksicht auf die Sicherheit werden von erfahrenen Piloten, besonders bei schlechtem Wetter, etwa 4—5 Stunden angegeben. Die Luftverkehrsbetriebe und statistischen Stellen sind berufen, die nie vollkommen ausschaltbaren Störungen genauestens zu analysieren und auszuwerten und der Industrie zur Beachtung zu übergeben, um damit gleichzeitig der Privatluftfahrt zu dienen.

Die durch Sperrzonen bedingten Erscheinungen sind in Abhandlung 1 dieses Heftes behandelt worden. Außerdem kann ein Flug fast unmöglich, mindestens der Zweck einer eiligen Reise hinfällig werden, wenn Länder angeflogen oder überflogen werden müssen, die mit dem Heimatland des Flugzeugs kein Luftfahrtabkommen haben. Die für solche Fälle vorgeschriebenen und auf diplomatischem Wege einzuholenden Einflugsgenehmigungen benötigen oft mehrere Wochen der Erledigung. Deutschland hat bis jetzt mit 13 Staaten Europas Luftfahrtabkommen geschlossen, wobei die Balkanländer und die Oststaaten noch vollständig fehlen.

Hindernisse für die Entfaltungsmöglichkeit des privaten Reiseflugs sind fernerhin die auf den Zoll- und Grenzflughäfen zu erledigenden Formalitäten, die oft sehr viel Zeit in Anspruch nehmen. Die Zollregelung ist sehr uneinheitlich und teilweise schwieriger als beim Landverkehr. Mitunter muß sogar der Brennstoffvorrat verzollt werden. In einigen Ländern werden auch ärztliche Untersuchungen, wie sie durch die Einwanderungsbestimmungen vorgesehen sind, verlangt. Das Mitführen von Photos und Waffen ist teilweise erlaubt, teilweise unter Androhung schwerer Strafen verboten. Es ist daher erfreulich, daß die Fédération Aéronautique Internationale sich auch der Lufttouristik angenommen und den beteiligten Ländern die Annahme folgender Vorschläge empfohlen hat[1]):

1. Schaffung eines Flugzeugpasses, der den Piloten berechtigt, in alle Länder, die ein dem Triptyk-Abkommen ähnliches Paßabkommen geschlossen haben, ohne besondere Genehmigung einzufliegen. Der Paß müßte, wie der der Personen, auf den Konsulaten visiert werden.
2. Schaffung internationaler Reiseschecks, die von den Aeroklubs gegen Depotzahlung ausgestellt werden.
3. Beseitigung bzw. Beschränkung der gesperrten Gebiete.

### 3. Das Bedürfnis

Die genannten Hemmungen und die zu verlangenden, teilweise noch zu wenig gebotenen Voraussetzungen ließen bisher in Europa nur bescheidene Versuche der Einführung des privaten

---

[1]) v. Hoeppner, „Beratungen über Fragen der Lufttouristik in Bukarest“, Luftschau 1931 Nr. 211.

Reiseflugs zu. Wohl gibt es in den verschiedenen Ländern eine stets anwachsende Zahl (vgl. Tabelle 8) von Privatflugzeugbesitzern, die jedoch nur selten sich des Flugzeugs zu geschäftlichen Reisen bedienen.

Tabelle 8. **Flugzeuge im Privatbesitz**

| Land | Zeitpunkt | Zahl der Flugzeuge |
|---|---|---|
| 1 | 2 | 3 |
| Deutschland | 1. 1. 1930 | 72 |
| | 1. 1. 1931 | 105 |
| England | Ende 1925 | 16 |
| | Ende 1926 | 37 |
| | Ende 1927 | 80 |
| | Ende 1928 | 125 |
| | 1. 12. 1929 | 159 |
| | 1. 1. 1930 | 184 |
| | 1. 4. 1930 | 241 |
| | 1. 7. 1930 | 288 |
| | 1. 1. 1931 | 333 |
| | 1. 1. 1932 | 385 |
| | 1. 4. 1932 | 402 |
| Frankreich | 1. 1. 1930 | 77 |
| | 1. 1. 1931 | 182 |
| | 1. 7. 1931 | 290 |
| | 1. 1. 1932 | 305 |
| | 15. 5. 1932 | 355 |
| | 1. 1. 1933 | 470 |
| | 1. 7. 1933 | 539 |
| Niederlande | 1. 7. 1930 | 7 |
| Schweiz | 1. 7. 1930 | 20 |
| | 1. 1. 1932 | 42 |
| Vereinigte Staaten von Amerika | 1. 1. 1932 | 3938 |
| Kanada | 1. 12. 1931 | 66 |

In Deutschland sind einige Leiter von Konzernen, Verbänden und Brennstoff-Firmen dazu übergegangen, für ihre Zwecke das eigene Flugzeug einzustellen. In Frankreich gab es zu Beginn des Jahres 1931 schon 21 Eigner mit 2—4 Flugzeugen. In den Kolonien sind gelegentlich fliegende Ambulanzen durch die Missionsgesellschaften eingesetzt worden. Eine Aufstellung der englischen und französischen Maschinen in Privatbesitz ergibt die in Tabelle 9 gezeigte Aufteilung. Die Wandlung

Tabelle 9. **Charakteristik der Flugzeuge im Privatbesitz**

| Land | Zeit-raum | Sitzzahl | | | | Leistung | | | | Zahl der Motoren | | | Reise-geschwindigkeit | | | Bauart | | |
|---|---|---|---|---|---|---|---|---|---|---|---|---|---|---|---|---|---|---|
| | | 1 % | 2 % | 3 % | 4 und mehr % | bis 40 PS % | 41 bis 80 PS % | 81 bis 120 PS % | mehr als 120 PS % | 1 % | 2 % | 3 und mehr % | bis 130 km/h % | 131 bis 160 km/h % | mehr als 160 km/h % | Doppel-decker % | Hoch-decker % | Tief-decker % |
| 1 | 2 | 3 | 4 | 5 | 6 | 7 | 8 | 9 | 10 | 11 | 12 | 13 | 14 | 15 | 16 | 17 | 18 | 19 |
| England | 1925 | 18,8 | 75,0 | 6,2 | — | 37,5 | 37,5 | 6,2 | 18,8 | 100,0 | — | — | 81,2 | 18,8 | — | 93,8 | 6,2 | — |
| | 1926 | 16,3 | 75,6 | 2,7 | 5,4 | 32,4 | 35,2 | 5,4 | 27,0 | 97,3 | — | 2,7 | 75,6 | 21,7 | 2,7 | 89,2 | 8,1 | 2,7 |
| | 1927 | 11,3 | 85,0 | 1,2 | 2,5 | 20,0 | 62,5 | 3,7 | 13,8 | 98,8 | — | 1,2 | 78,8 | 20,0 | 1,2 | 92,5 | 7,5 | — |
| | 1928 | 7,2 | 87,2 | — | 5,6 | 12,8 | 72,8 | 2,4 | 12,0 | 99,1 | — | 0,9 | 76,8 | 22,4 | 0,8 | 94,4 | 4,8 | 0,8 |
| | 1929 | 3,8 | 92,4 | — | 3,8 | 7,1 | 84,2 | 1,6 | 7,1 | 99,5 | — | 0,5 | 81,6 | 17,9 | 0,5 | 92,4 | 6,0 | 1,6 |
| | 1930 | 1,2 | 80,8 | 14,7 | 3,3 | 7,2 | 63,1 | 24,0 | 5,7 | 97,6 | 1,2 | 1,2 | 70,0 | 29,1 | 0,9 | 75,0 | 21,1 | 3,9 |
| | 1931 | 3,1 | 74,9 | 19,9 | 2,1 | 8,4 | 55,9 | 31,0 | 4,7 | 98,5 | 0,5 | 1,0 | 62,6 | 36,0 | 1,4 | 70,3 | 25,3 | 4,4 |
| | 1932 | 5,7 | 70,6 | 19,7 | 4,0 | 6,0 | 57,7 | 29,6 | 6,7 | 98,6 | 0,2 | 1,2 | 53,7 | 45,0 | 1,3 | 61,7 | 27,8 | 5,5 |
| Frankreich | 1931 | 2,0 | 98,0 | — | — | — | 17,8 | 48,5 | 33,7 | 100,0 | — | — | 21,2 | 78,8 | — | 18,5 | 66,9 | 14,6 |

in Bezug auf Sitzzahl und Reisegeschwindigkeit, sowie der dadurch bedingten Motorleistung von 1925—1932 zeigt die Bevorzugung mehrsitziger, einmotoriger Maschinen.

Die Vereinigten Staaten von Amerika können als Land mit praktischen Erfahrungen für den privaten Reiseflug angesehen werden. Für das Jahr 1930 wurde angegeben[1]), daß über 300 Firmen und über 1000 Geschäftsleute eigene Flugzeuge zu Geschäfts- und Dienstreisen benutzt haben. Die gesamten Flugleistungen sind in Tabelle 10 angegeben. Zum Vergleich sind die Werte

Tabelle 10. **Flugleistungen in der Privatluftfahrt der Vereinigten Staaten von Amerika und Frankreichs**

| Jahr | Vereinigte Staaten von Amerika 1000 Flug-km | Frankreich 1000 Flug-km |
|---|---|---|
| 1 | 2 | 3 |
| 1927 | 316 | |
| 1928 | 19200 | |
| 1929 | 40000 | |
| 1930 | 65000 | 1500 |
| 1931 | 48000 | 5500 |
| 1932 | 40000 | 8500 |

Frankreichs als Maßstab für europäische Verhältnisse angegeben. In anderen Ländern werden hierüber keine Ermittlungen angestellt. Im Jahre 1930 waren die Flugleistungen das 1,1fache der Leistungen des gesamten planmäßigen Verkehrs in den Vereinigten Staaten von Amerika und das 0,1fache der Leistungen des europäischen Dienstes der französischen Gesellschaften. Der Rückgang der Leistungen in den Vereinigten Staaten ist auf Konjunktureinflüsse zurückzuführen, die den Privatverkehr stärker beeinflussen als den planmäßigen, da dieser durch die Größe der Unternehmungen auf Rücklagen oder größere Kredite sich stützen kann.

Die Vorzüge des rascheren Transports benutzen vor allem die Zeitungsberichterstatter, die an der Luftfahrt interessierten Firmen und Fabriken für Flugzeugteile und Ausrüstung. Besonders das Mississippital hat einen starken Privatluftverkehr wegen der großen Entfernungen zu den Wirtschaftszentren und wegen der durch das ebene Land und die Witterung gegebenen günstigen Vorbedingungen.

Die gesamte Aufteilung des amerikanischen Flugzeugparks ist für 1931 folgendermaßen angegeben:

| | |
|---|---|
| Luftfahrtindustrie | 489 |
| Flugzeugverkäufer und gewerbliche Unternehmer | 1755 |
| Schulen | 107 |
| Verkehrsgesellschaften | 561 |
| Brennstoffirmen | 73 |
| Sonstige Gesellschaften | 138 |
| Flugklubs | 175 |
| Privatleute | 3938 |
| Staat | 50 |
| Städtische Behörden | 19 |

Die Curtis Publishing Company hat im Jahre 1930 für die Flugzeugindustrie eine Untersuchung[2]) durchgeführt, die verschiedentlich Anhaltspunkte für den Stand und die Entwicklung der Privatluftfahrt gibt. Darin ist eine Gruppierung der Berufe der privaten Flugzeugbesitzer gegeben:

| | |
|---|---|
| Außenbeamte von Firmen | 39,2% |
| Kaufleute | 20,8% |
| Fachleute der Fliegerei | 16,6% |
| Landwirtschaft | 5,5% |

[1]) Aircraft Yearbook 1931, New York.
[2]) The Aviation Industry, Philadelphia, Pa., 1930.

| | |
|---|---|
| Studenten | 2,1% |
| Beamte | 1,8% |
| Sonstige Berufe | 14,0% |

Die Verwendung der Maschinen im Zusammenhang mit dem jährlichen Einkommen ist sehr lehrreich:

Tabelle 11. **Verwendung von Privatflugzeugen in den Vereinigten Staaten von Amerika**

| Anschaffungszweck | insgesamt | Jährliches Einkommen | | |
|---|---|---|---|---|
| | | über 40000 RM. | 20000 bis 40000 RM. | unter 20000 RM. |
| 1 | 2 | 3 | 4 | 5 |
| Nur zum Vergnügen | 42,7% | 38,3% | 39,5% | 48,4% |
| Nur geschäftlich | 10,2% | 13,3% | 8,9% | 3,6% |
| Zur Zeitersparnis | 9,3% | 0,5% | 4,8% | 18,2% |
| Zu Geschäften und Vergnügen | 2,3% | 1,6% | 2,4% | 2,8% |
| Sonstige Zwecke | 35,5% | 46,3% | 44,4% | 27,0% |
| | 100,0% | 100,0% | 100,0% | 100,0% |

Es ist interessant, daß Leute mit dem geringeren Einkommen den Wert der Zeitersparnis besonders berücksichtigen, daß sie aber auch mehr zum Vergnügen fliegen, allerdings dann in kleineren und wirtschaftlicheren Flugzeugen. Die geschäftliche Benutzung hat sich dagegen mehr bei der größeren Einkommengruppe eingebürgert. Anhaltspunkte für den Ausbau und die weitere Entwicklung des privaten Reiseflugs geben die folgenden Tabellen 12 und 13.

Tabelle 12. **Anstellung von Piloten für Privatflugzeuge in den Vereinigten Staaten von Amerika**

| | insgesamt | Jährliches Einkommen | | |
|---|---|---|---|---|
| | | über 40000 RM. | 20000 bis 40000 RM. | unter 20000 RM. |
| 1 | 2 | 3 | 4 | 5 |
| Anstellung eines Piloten | 15,6% | 21,8% | 15,0% | 6,7% |
| Ohne Piloten | 84,4% | 78,2% | 85,0 % | 93,3% |

Tabelle 13. **Überholung der Privatflugzeuge in Beziehung zum jährlichen Einkommen in den Vereinigten Staaten von Amerika**

| Überholung | insgesamt | Jährliches Einkommen | | |
|---|---|---|---|---|
| | | über 40000 RM. | 20000 bis 40000 RM. | unter 20000 RM. |
| 1 | 2 | 3 | 4 | 5 |
| Vollständig selbst | 49,2% | 18,4% | 44,4% | 76,0% |
| Teilweise selbst | 13,4% | 11,6% | 16,1% | 12,6% |
| Spezialarbeitern übertragen | 37,4% | 70,0% | 39,5% | 11,4% |
| | 100,0% | 100,0% | 100,0% | 100,0% |

Zur Verwendung kommen in den Vereinigten Staaten allgemein größere und schnellere Maschinen als in Europa. Die Amphibien werden dort auch in weitgehendem Maße für verkehrliche Zwecke von Privatleuten vor allem im Gebiet der amerikanischen Seen eingesetzt. Die Zunahme der Klubs von rund 150 auf 304 allein im Jahre 1930 bietet wegen deren Einstellung als Wirtschafts- und Interessenverband der privaten Fliegerei immer größere Ausdehnungsmöglichkeit. Derartige Zweckorganisationen ermöglichen Unterstellung und Unterhaltung der Flugzeuge zu billigen Preisen und dienen ihren Mitgliedern in ähnlicher Weise wie der Wirtschaftsdienst des Aero-Clubs von Deutschland. Den Umfang der Flugtätigkeit der einzelnen Privatflugzeugbesitzer zeigt die folgende Tabelle 14.

Tabelle 14. **Flugtätigkeit der Privatflugzeugbesitzer in den Vereinigten Staaten von Amerika 1930**

| a) Flugerfahrung der Privatpiloten: | | b) Flugstunden Alleinflug insgesamt: | | c) Flugzeugausnutzung jährlich: | |
|---|---|---|---|---|---|
| bis zu 1 Jahr | 24% | bis zu 100 Stunden | 41% | bis zu 150 Stunden | 37,6% |
| 1—3 Jahre | 50% | 101—250 Stunden | 31% | 151—300 Stunden | 41,2% |
| 3—5 Jahre | 6% | 251—500 Stunden | 12% | 301—500 Stunden | 11,9% |
| 5—10 Jahre | 4% | 501—1000 Stunden | 8% | 501—800 Stunden | 5,6% |
| über 10 Jahre | 16% | über 1000 Stunden | 8% | über 800 Stunden | 3,7% |

Wenn es auch Besitzer gibt, die nicht viel mehr fliegen als zur Erhaltung der Gültigkeit des Führerscheins nötig ist, so ist doch auch bei vielen eine rege Tätigkeit festzustellen. Die Flugzeugausnutzung ist im Mittel von 200 Stunden im Jahre 1930 auf 120 Stunden 1931 gefallen, was auf die beginnende Wirtschaftskrise zurückzuführen ist. 25,5% der Flüge sind geschäftlicher Art. Die amerikanischen Flugleistungen der gesamten zivilen Luftfahrt mit Ausnahme des planmäßigen Luftverkehrs (Miscellaneous) werden für 1931 erstmalig auf Grund einer Umfrage bei 500 Flugzeughaltern wie folgt aufgeteilt[1]):

| | |
|---|---|
| Vergnügungs- und Sportflüge | 26,8% |
| Schulungsflüge | 25,6% |
| Rundflüge | 11,7% |
| Versuchsflüge | 9,5% |
| Geschäftsflüge | 9,4% |
| Bedarfsflüge | 6,7% |
| Photoflüge | 3,6% |
| Sonstiges | 6,7% |

Von den 1546 Flugschülern sämtlicher ziviler Flugschulen im Jahre 1931 beabsichtigten 15% sich ein eigenes Flugzeug zuzulegen.

Im allgemeinen wird der Privatluftverkehr nur der Personenbeförderung dienen und dabei wegen seiner hohen Kosten nur einen sehr kleinen Prozentsatz der Reisenden des Kraftwagens und der Polsterklassen der Eisenbahnen ausmachen. Aus der oben gegebenen Aufstellung der Benutzer lassen sich schon Rückschlüsse auf die Interessenten des Geschäftsflugs ziehen. Zunächst sind es Firmen und Dienststellen, die mit Luftfahrtkreisen in geschäftlichen Beziehungen stehen und die in der verkehrlichen Benutzung eines Privatflugzeugs Vorteile erblicken können. Neben Betriebsstoffverkaufsgesellschaften und Firmen der Flugzeug- oder Ausrüstungsindustrie kommen im weiteren Sinne Baufirmen für Flughafenbauten, für Hafen- und Streckenbeleuchtung, Abteilungen der Dienststellen der Flug- und Wettersicherung, des Überwachungs- und Kontrolldienstes und Sportberichterstatter von Zeitungen in Betracht. Darüber hinaus hat jede Geschäftsleitung das Bedürfnis rascheren Transports ihrer Vertreter oder leitenden Herren. Die im letzten Teil untersuchte Kostenaufstellung wird in jedem Betrieb die endgültige Entscheidung über die Durchführbarkeit der Reisen in eigenen Maschinen bringen.

Der Einsatz von Privatflugzeugen zu Vergnügen und zur Lufttouristik kann in Deutschland nicht in dem Maße erfolgen, wie dies in den Vereinigten Staaten möglich war, begünstigt durch ein durchschnittliches Jahreseinkommen pro Kopf der Bevölkerung von 3113 RM. Selbst unter Berücksichtigung einer geringeren Kaufkraft in Amerika ist diese Summe höher als das für Deutschland ermittelte Einkommen von 1077 RM./Einw. Ähnlich liegen die Verhältnisse in den übrigen europäischen Staaten.

Die Anschaffung und Benutzung eines privaten Reiseflugzeugs wird besonders auf solchen Strecken erfolgen, auf denen gegenüber sonstigen Verkehrsmitteln ein wesentlicher Zeitvorsprung oder höhere Bequemlichkeit besteht. Ist es möglich, mit dem Flugzeug den Zielpunkt nach Erledigung der früh eingegangenen Post noch zu erreichen und zum Ausgangspunkt an demselben Tag zurückzukehren, während bei der Bahn jeweils mindestens die Benutzung des Nachtschnellzugs nötig wird, so wird ein Reisender, der diese Strecke öfters zurückzulegen hat, sich diesen Vorteil zunutze machen.

[1]) Aviation 1932.

Abb. 1 a, b stellt ein Wegzeitdiagramm für ein Flugzeug mit 150 km/h Betriebsgeschwindigkeit dar. Im Gegensatz zu den erdgebundenen Verkehrsmitteln ist das Flugzeug zunächst noch zeitlich nur beschränkt verwendbar, da die durchschnittliche zum Fliegen erforderliche Helligkeit in unseren Breiten 11 Stunden im Tage beträgt. Weiterhin ist für Anfahrten, Fertigmachen zum Start und Reinigen der Maschine jeweils mindestens eine halbe Stunde einzusetzen. Am Zielort wird der Pilot nach anstrengendem Flug nicht sofort arbeitsfähig sein. Er benötigt eine Ruhezeit, die mit der Zeit für Tanken und Fahrt zwischen Flugplatz und Stadt zusammengenommen jeweils die Hälfte der Flugzeit betragen soll. Für Hin- und Rückflug an demselben Tag stellen die Ordinaten der Figur b die am Zielpunkt verfügbare Zeit dar. Die Linie wird durch den Strahl der Betriebsgeschwindigkeit des eingesetzten Flugzeugs durch Punkt A (zur Verfügung stehende Flugzeit abzüglich der Zubringerzeit am Zielort) erhalten. Eine Aufenthaltszeit von mindestens 2 Stunden beschränkt die Einsatzmöglichkeit eines Flugzeugs mit 150 km/h auf 500 km. In einer Richtung sei der Flug mit etwa 5 Stunden Flugzeit je Tag = 750—800 km begrenzt. In diesen Grenzen liegen etwa die Entfernungen der bedeutendsten Landeshauptstädte Europas. Die unterste Grenze des zweckmäßigsten Einsatzes von Flugzeugen wird ermittelt aus der Bedingung, daß die Differenz aus Reisezeit auf der Eisenbahn

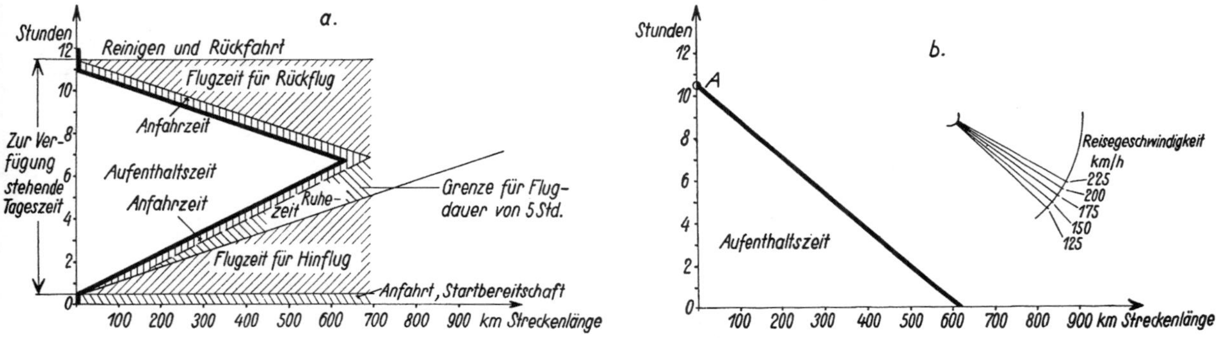


Abb. 1a, b. Größte Aufenthaltszeiten bei Zurücklegung einer Strecke mit Flugzeugen an demselben Tag in beiden Richtungen

und Reisezeit mit Flugzeug größer sein muß als die Summe der Anfahrzeiten zu den Flugplätzen. Aus dieser Bedingung, in Gleichungsform

$$\frac{1{,}2\,s}{V_E} - \frac{s}{V_F} \geqq \frac{a}{V_A}\,; \qquad \begin{array}{l} V_F = \text{mittlere Fluggeschwindigkeit des Flugzeugs} \\ V_E = \text{Fahrgeschwindigkeit der Eisenbahn} \\ V_A = \text{Fahrgeschwindigkeit des Zubringers} \end{array}$$

berechnet sich die Summe der Anfahrwege $a$ mit den üblichen Geschwindigkeiten zu

$$a = 0{,}177\,s\,.$$

Nimmt man einen durchschnittlichen Flughafenabstand vom Stadtzentrum von 5 km an, so würde sich ergeben, daß eine Reise im Privatflugzeug über eine größere Strecke als $s = \frac{2 \cdot 5}{0{,}177} = 57\,\text{km}$ gehen muß, um Zeitersparnis gegenüber gleichzeitig abfahrendem D-Zug zu bringen. Um eine dem Mehrpreis durch Flugzeugbenutzung entsprechende Zeitersparnis zu erhalten, wird die Etappenlänge sich mehr der oberen Grenze des Flugzeugeinsatzes nähern. Zum Vergleich sei angegeben, daß die mittlere Beförderungsweite bei der Reichsbahn für gewöhnliche Fahrten in D-Zügen

in der I. Klasse . . . . . . . . . 292 km,
in der II. Klasse . . . . . . . . . 235 km,
in der III. Klasse . . . . . . . . . 177 km,

für Fahrscheinhefte, also hauptsächlich internationalen Verkehr

in der I. Klasse . . . . . . . . . 438 km,
in der II. Klasse . . . . . . . . . 482 km,
in der III. Klasse . . . . . . . . . 538 km beträgt[1]).

[1]) Geschäftsbericht der Deutschen Reichsbahn-Gesellschaft 1931.

In Abb. 2 sind die Aufenthaltszeiten am Ziel durch Benutzung von Flugzeug ($V_F = 150$ km/h) und Eisenbahn ($V_E = 65$ km/h) einander gegenübergestellt unter Berücksichtigung einer, wie in Abhandlung 1 dieses Heftes erwähnt, um durchschnittlich 20% gegenüber der Luftlinie längeren Eisenbahnstrecke. Bei 24stündiger Ausnutzungsmöglichkeit der Bahn kann das Flugzeug mit der angegebenen Geschwindigkeit keinen Zeitvorsprung erreichen, solange es nicht bei Nacht fliegen kann. Stehen jedoch bei Bahnbenutzung nur 18 Stunden zur Zurücklegung des Wegs in beiden Richtungen an demselben Tag zur Verfügung, so hat das Flugzeug am Start 7 Stunden und in 500 km Entfernung etwa 1 Stunde mehr Aufenthalt als die Bahn.

Als wichtige Strecken kommen die Verbindungen mit der Hauptstadt jedes Landes und mit wichtigen Wirtschaftszentren in Betracht. Diese werden um so früher im Flugzeug zurückgelegt werden, je ungenügender die sonstigen Verbindungen, sei es hinsichtlich Reisegeschwindigkeit, sei es hinsichtlich Häufigkeit, sind. Die Unabhängigkeit von bestimmten Abgangszeiten und die damit gegebene Freizügigkeit werden dem Flugzeug oft Bevorzugung verschaffen. Für den privaten Reiseflug werden die FD- und D-Zug-Verbindungen Anhaltspunkte für die Benutzung geben. Besonders großen Zeitvorsprung erreicht das Flugzeug gegenüber dem Wasserfahrzeug durch den großen Geschwindigkeitsunterschied. Daher wird die Verbindung der beiden Weltstädte London und Paris auch oft im Privatflugzeug zurückgelegt werden. Auch die Überquerung der Ostsee und Adria wird aus wirtschaftlichen Gründen erwogen werden. Für den Privatverkehr käme in Europa außerdem Überfliegen des Tyrrhenischen, des Ligurischen Meeres und der Sizilischen Straße in Betracht. Die letzteren Strecken müssen jedoch der Sicherheit wegen im Wasserflugzeug zurückgelegt werden, da die erforderliche Höhe, um jeweils im Gleitflug Land zu erreichen, nicht erreicht werden kann.

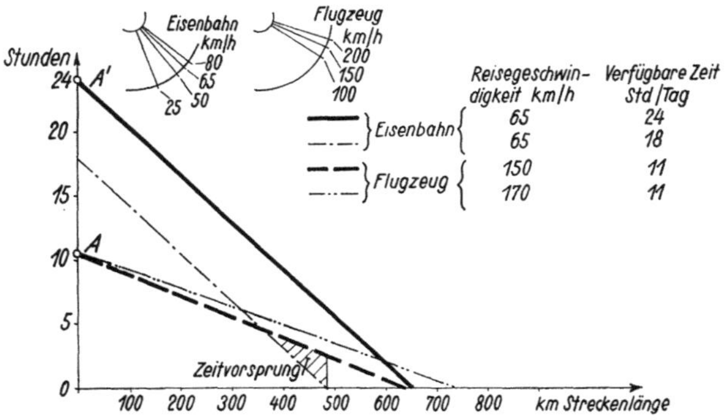


Abb. 2. Vergleich der Aufenthaltszeiten bei Benutzung von Flugzeug und Eisenbahn in Abhängigkeit von der Reiseweite.

## 4. Die äußere Organisation

Es wurde schon darauf hingewiesen, daß es zur zweckmäßigen und wirtschaftlichen Erledigung aller Fragen der Privatfliegerei ratsam sein wird, die Privatflugzeughalter in einem Verband zusammenzuschließen. Die Aufgabe dieses Verbands ist unparteiische Beratung der Mitglieder bei Beschaffung, Unterhaltung und Betrieb eines Flugzeugs, Förderung der privaten Luftfahrt durch Erweiterung der Bodenorganisation und des Sicherungsdienstes, Schaffung von Überholungs- und Kontrollstellen, sowie Erleichterungen der Bodenkennung und Verbesserung des Kartenmaterials für Flieger. Einige der Aufgaben hat in Deutschland der Wirtschaftsdienst des Aero-Clubs von Deutschland schon übernommen. In England hat ein Automobilklub ähnliche Geschäfte durchgeführt und gedenkt, diese Organisation für Luftreisende weiter auszubauen. Wertvoller wird es allerdings sein, wenn eine derartige Organisation von Fachleuten des Luftfahrzeugs und seines Betriebs eingerichtet wird. Auch sollte sich die Auswirkung derselben international über möglichst alle Länder erstrecken.

Der Staat hat die Pflicht, seinen Bürgern Sicherheit zu gewährleisten und solche Maßnahmen zu ergreifen, die jede Verletzung oder Gefahr von Reisenden, Besatzung und Unbeteiligten zu verhindern sucht. Er soll dies nicht nur polizeilich strafend tun mit der Absicht der Erziehung, sondern er soll vorbeugend und beratend, prüfend, begutachtend und entscheidend eingreifen. Der Staat hat die Pflicht, jeden Unfall von Luftfahrzeugen genau zu untersuchen, die Ursache zu erkennen und durch vorbeugende Maßnahmen seiner wissenschaftlichen Untersuchungsstellen und seines Kontrolldienstes eine Wiederholung möglichst zu verhindern. Die in den einzelnen Ländern angewandten Methoden zur Analyse von Notlandungen und Brüchen entsprechen nicht immer obigen Forderungen.

In Deutschland[1]) ist der Führer eines Luftfahrzeuges verpflichtet, der Ortspolizeibehörde des Unfallorts Betriebsunfälle anzuzeigen. Dieser Behörde liegt dann unter Unterstützung der Landesbehörde und ihrer Luftpolizei die weitere Durchführung der Untersuchung ab. Nur in wenigen Fällen wird diese Analyse vollständig und einwandfrei sein, da die Polizei auf Vernehmung der unmittelbar Beteiligten angewiesen ist. Die Beurteilung des Anlasses zu einem Unfall und die Wertung besonders schwieriger und unverschuldeter Umstände wird dieser Behörde nicht immer möglich sein, vielmehr wird eine eidliche Vernehmung von Zeugen, soweit möglich, und von Sachverständigen notwendig werden, die auch für die Versicherungen einen einwandfreien Anhaltspunkt bietet.

In Frankreich ist die Untersuchung eines Unfalls einer halbamtlichen Dienststelle, dem Bureau Veritas, übertragen, das die Lufttüchtigkeit feststellt und die durch jeden Unfall erloschene Zulassung erneut auszustellen hat. Hierbei werden natürlich nur der technische Mangel und seine Folgen festgestellt, nicht aber der Anlaß, erschwerte Fluglagen und Zeugenberichte verwertet. In England werden leichte Unfälle gar nicht untersucht. Nur bei schwereren Unfällen wird dem beschädigten Flugzeug bis zur Begutachtung durch einen Beamten des Ministeriums keine Starterlaubnis gegeben.

In den Vereinigten Staaten von Amerika besteht eine Kommission aus Sachverständigen, das National Advisory Committee for Aeronautics (N. A. C. A.), dessen Ausschuß sich aus zwei Flugzeugführern, einem Flugzeugingenieur, einem Arzt und einem Statistiker zusammensetzt, die sämtliche Unfälle weitgehend analysieren, sowohl nach der Art des Unfalls als auch dessen Folgen. Sehr umfangreich ist die Untersuchung der Ursachen, für die allerdings sehr zahlreiches und gut ausgebildetes Personal benötigt wird. Jedoch erscheint die amtliche Behandlung durch Sachverständige, die einheitliche Verarbeitung und unbeschränkte Veröffentlichung des Materials sehr wertvoll für die Entwicklung der Zivilluftfahrt. Es ist daher auch zu wünschen, daß andere Länder möglichst auf einheitlicher Basis sich eines solchen Luftamts bedienen, dessen Aufgabe in der Analyse und Begutachtung von Unfällen und ihren Folgen, in Verbesserungsvorschlägen zur Verhütung von Wiederholungen und Schlichtung bei Streitigkeiten bestehen würde. Ob ihm, dem Seeamt ähnlich, das Recht der Patententziehung eingeräumt werden soll, oder ob es nur vorschlagen kann, einen Befähigungsnachweis einzuziehen, soll hier nicht entschieden werden[2]).

Um die Entwicklung der Luftfahrt zu erkennen, ihre Erfahrungen und Fortschritte dem weiteren Ausbau nutzbar zu machen und um vergleichende Werte für Wirtschaftlichkeitsrechnungen zu erhalten, ist eine einheitliche Durchführung und statistische Verwertung der Verkehrsermittlungen notwendig. Die Ermittlungen sind so zu gestalten, daß sie den Verkehr nicht erschweren und dem Privatflugzeugbesitzer nicht lästig fallen. Darüber hinaus wird der Einzelne je nach Neigung noch eigene Erhebungen anstellen.

Von allgemeinem Wert sind die Betriebsleistungen in Gestalt der Flug-km und Flugstunden. Ihre Feststellung ist durch die Eintragungen der Luftpolizei oder der Flugplatzleiter leicht möglich. Mittels Durchschreibbücher und jeweils von den mit der Führung der Statistiken beauftragten Personen abzureißenden Zählkarten läßt sich dies ohne Schwierigkeit erledigen. Gleichzeitig kann damit auch der Flugleiter seine Flughafenstatistik erweitern, deren Summen für die einzelnen Strecken getrennt angegeben werden sollten, um damit einen wertvollen Anhaltspunkt über den Verkehrswert als Grundlage für den Ausbau, Beleuchtung und Sicherheitsmaßnahmen einzelner Strecken zu erhalten. Der im Buch verbleibende Schein, bestätigt durch die Dienststempel, dient als Logbuch des Flugzeugs, aus dem der Eigner vierteljährlich Auszüge zu machen hätte hinsichtlich der Zahl der beförderten Personen und Güter. Dieselben Berichte sind einer zentralen Stelle jeweils zur Weiterverarbeitung zuzuleiten. Eine auf solche Weise ziemlich einwandfreie Statistik könnte auch zu wirtschaftlicher Auswertung dienen. Sie muß in dieser Form aufgeführt werden, wenn der Staat Subventionen auf Grund der Leistungen gewährt. Haarmann[3]) schlägt vor, die Höhe der Versicherungssumme nicht nach dem Alter, sondern nach dem Zustand des Flugzeugs auf Grund einer eingehenden Betriebsstatistik zu berechnen. Wenn auch dieser Vorschlag in der vorgesehenen Weise nicht befür-

[1]) Änderungen der Verordnungen sind zur Zeit der Drucklegung in Bearbeitung.

[2]) Vgl. Schwartz, „Das Luftamt“, in: Luftwacht 1930.

[3]) Haarmann, „Die wirtschaftlichen Grundlagen des Betriebs von Leichtflugzeugen“. Flug 1931 Heft 2.

wortet werden kann, da auch außer Betrieb gesetzte Flugzeuge Materialschäden erleiden können, die die Sicherheit herabsetzen, so weist er doch auf eine wirtschaftliche Aufgabe der Statistik hin.

Für die technische Entwicklung wären jeweils die Ausgaben für Reparaturen und Betriebsstoff, sowie häufig auftretende Mängel wertvoll und könnten mit den vierteljährlichen Berichten eingesandt werden. Diese Angaben jedoch pflichtmäßig zu verlangen, würde zu weit führen. Das Bordbuch muß jedoch außer den Flugzeiten, Strecken, Plätzen und beförderten Verkehrsarten Eintragungen über jede Veränderung und Reparatur, über Überholungen und Schäden enthalten. Die Aufnahme des Flugzeugbestandes kann jederzeit von der zulassenden Behörde erfolgen, da hier — im Gegensatz zur Seeschiffahrt[1]) — nur eine Stelle mit der Führung der Register beauftragt ist. Die Auswertung derselben sollte noch hinsichtlich des Verwendungszwecks (vorwiegend Personen- oder Frachtverkehr, Touristik, Sport, Photoflüge usw.), des Alters und der konstruktiven Leistungen erweitert werden.

## III. Die vom Verkehrsstandpunkt an das einzusetzende Fahrzeug zu stellenden Anforderungen

### 1. Allgemeines

Da sich in der Verkehrstechnik der Bau der Fahrzeuge organisch und zwangsläufig auf den Verkehrszweck einstellen muß, ist es notwendig, die an den Bau von Flugzeugen zu stellenden Anforderungen zu analysieren und kritisch zu beleuchten, um so mehr als es gerade bei diesem Verkehrsmittel sehr wichtig ist, durch Beachtung der verkehrswirtschaftlichen Grundsätze den Gebrauch der Luftfahrzeuge und damit ihren Absatz zu fördern. Die rückwirkende Folge zeigt sich sodann in der Senkung der Anschaffungs- und Betriebskosten. Hierauf ist gerade beim Sport- und Reiseflug besonderer Wert zu legen. Die besonderen Anforderungen an die Schulflugzeuge werden als Grenzgebiet nicht in die Betrachtung einbezogen. Der nur für sportliche Zwecke zur Verwendung kommende Freiballon wird hier nicht behandelt.

Die Forderungen an das einzusetzende Fahrzeug können allgemein zusammengefaßt werden in Sicherheit, Leistungsfähigkeit und Wirtschaftlichkeit. Gegenüber den Anforderungen an die im öffentlichen Verkehr eingesetzten Flugzeuge[2]) ist für Sport- und Reisemaschinen folgendes zu beachten: Da die Eigner von Privatflugzeugen aus wirtschaftlichen Gründen vielfach die Maschine selbst warten werden, ist besonders darauf zu achten, daß die Konstruktion einfach und dauerhaft ist und ihre Behandlung keine Spezialkenntnisse und -werkzeuge verlangt. Die Sicherung auswechselbarer Teile gegen Lageveränderung und der richtige Sitz abnehmbarer Konstruktionsstücke sollte automatisch durch entsprechende Formgebung gewährleistet sein, so daß keine Verwechslungen eintreten können. Als Hauptziel möge sich der Konstrukteur vollkommene Eigenstabilität setzen, um dem Privatpiloten die Durchführung eines Flugs nicht zu erschweren und die Möglichkeit guter Navigation zu geben.

Um der Gefahr der Überbelastung des Motors zu begegnen, wird es zweckmäßig sein, das Überschreiten einer bestimmten Drehzahl, bzw. Leistung im Dauerflug durch eine zwangläufige Stellung der Vergaserdrossel unmöglich zu machen im Hinblick auf die erforderliche Sicherheit. Ihre Stellung soll nur vorübergehend für Start und Steigen verändert werden können. Wohl werden viele Besitzer ihr Eigentum besonders schonen, wenn sie den Schaden, der durch hohe Beanspruchungen entsteht, kennen, aber es liegt die Vermutung nahe, daß andere auch möglichst hohe Geschwindigkeit herausholen wollen, so daß sie die Entwicklung der Privatluftfahrt gefährden können, da jeder Unfall gewisse Kreise erneut von fliegerischer Betätigung oder von der Benutzung der Verkehrsflugzeuge abhält.

---

[1]) Vogel, „Die Grundlagen der Schiffahrtsstatistik", Veröffentlichungen des Instituts für Meereskunde an der Universität Berlin. Berlin 1911.

[2]) Pirath, „Die vom Standpunkt des Verkehrs an den Bau von Flugzeugen zu stellenden Forderungen". In: Heft 3 der Forschungsergebnisse des V. I. L. München 1930.

Die Sport- und Reiseflugzeuge sollen imstande sein, auch auf kleinen Plätzen zu landen, weshalb auf gute Startfähigkeit und geringen Ausrollweg besonders zu achten ist. Die besonderen Anforderungen an das Fahrgestell auf schlechten Plätzen sind zu beachten. Die Schwebegeschwindigkeit beträgt stets etwa 40% der Höchstgeschwindigkeit. Mit der Forderung höherer Reisegeschwindigkeit wächst daher auch die Landegeschwindigkeit und damit die Energie beim Aufsetzen. Neben der Ausstattung der Flügel mit Spalten oder veränderlichen Profilen bieten Windmühlenflugzeuge betriebsfertige Beispiele für Vorkehrungen zur Erhöhung der Sicherheit bei der Landung. Diesen Konstruktionen wird für Sport- und Reiseflug daher erhöhte Bedeutung zukommen. Der Ausrollweg wird durch den Einbau von Bremsen verkürzt, die unabhängig auf jedes einzelne Rad wirkend die Manöver auf dem Boden unterstützen. Dabei muß allerdings berücksichtigt werden, daß die Radbremsen auf kleinen ungepflegten Plätzen, also dann, wenn sie dringend benötigt werden, nicht genügend wirken. Eine günstigere Lösung würden für Sport- und Reiseflugzeuge daher die Umkehrschrauben darstellen, wenn eine einfache und betriebssichere Konstruktion gefunden werden kann. Es entsteht die Frage, ob Seeflugzeuge oder besser Amphibien, deren Verwendungsmöglichkeit umfangreicher ist, im Privat- und Sportverkehr denselben Anforderungen genügen müssen hinsichtlich Seetüchtigkeit wie im planmäßigen Verkehr. Die Frage ist für den Sportflug zu verneinen, da er sich nur auf ruhigen Binnengewässern ausbreiten wird. Private Reiseflugzeuge sind jedoch mindestens schwimmfähig auch bei hohem Seegang zu bauen; ein erneuter Start kann nicht verlangt werden, da Reparaturmöglichkeit nicht gegeben ist.

Um hohe Wirtschaftlichkeit bieten zu können, muß auf geringe Anschaffungs- und Betriebskosten Wert gelegt werden. Die Flächen sind aus diesem Grund auch umlegbar zu machen.

## 2. Zelle

Die Tragfähigkeit und damit die Größe des Transportgefäßes ist eine Funktion der Geschwindigkeit, der Reichweite und des Verkehrsaufkommens. Die Reichweite kann im Gegensatz zu den im planmäßigen Luftverkehr eingesetzten Typen für Sport- und Reisezwecke klein gehalten werden. Für Hin- und Rückflug an einem Tag kommen, wie aus Abb. 1 ersichtlich ist, höchstens Teilstrecken von je $3^1/_2$ Stunden Flugzeit in Betracht. Bei durchgehenden Strecken sollen aus Sicherheitsgründen dem Piloten höchstens 4—5 Stunden zugemutet werden. Der Brennstoffvorrat ist daher für diese Dauer zu bestimmen.

Das Verkehrsaufkommen, das für den Bau einer wirtschaftlichen Einheit von großer Bedeutung ist, ergibt sich individuell verschieden. Für Flüge sportlicher Betätigung und zum Vergnügen werden Zweisitzer genügen. Reiseflugzeuge, die vom Besitzer selbst geflogen werden, müssen 2 bis 3 Plätze entsprechend der heutigen durchschnittlichen Besetzung haben. Geschäftsflugzeuge sind, besonders wenn ein Pilot angestellt ist, mit 4 oder mehr Plätzen auszurüsten. Diese Maschinen unterscheiden sich dann nicht mehr von den im Bedarfs- und planmäßigen Verkehr eingesetzten Typen. In den Vereinigten Staaten von Amerika gibt es mehrere Besitzer derartiger 4—8sitziger Luftjachten. Die Wünsche der Privatflugzeugbesitzer in dieser Hinsicht sind in der Tabelle 15 zusammengestellt, wie sie sich aus einer amerikanischen und europäischen Rundfrage ergeben. Erstere wurde von der

Tabelle 15. **Wünsche der Privatflugzeugbesitzer hinsichtlich Fassungsvermögen**

| | Mitteleuropa | | Vereinigte Staaten von Amerika |
|---|---|---|---|
| Einsitzer | 0 % | | 2,5% |
| Zweisitzer | 43,1% | | 16,3% |
| Sitze hintereinander | | 15,1% | |
| Sitze nebeneinander | | 28,0% | |
| Dreisitzer | 56,9% | | 33,4% |
| Ein Sitz vorne | | 22,4% | |
| Zwei Sitze vorne | | 34,5% | |
| Viersitzer | 0 % | | 31,5% |
| Mehr als vier Sitze | 0 % | | 17,3% |
| Gewertete Antworten | 55 | | 624 |

Curtis Publishing Company, letztere auf Grund der Erhebungen der Firma Comte[1]) und des Verkehrswissenschaftlichen Instituts für Luftfahrt an der Technischen Hochschule Stuttgart bearbeitet. Von etwa 4500 Befragten in den Vereinigten Staaten konnten 624 Antworten, von 157 in Europa 55 Antworten verwertet werden. Die Ergebnisse wurden 1930 bzw. 1931 ausgewertet.

Die Mehrzahl der Benutzer hält also 3sitzige Maschinen für ihre Zwecke am geeignetsten. Wird hierzu die folgende Aufstellung, die Auskunft über die Wünsche hinsichtlich Kabinen- oder offener Konstruktion gibt, hinzugenommen, so kann der für die Person zur Verfügung stehende Raum dimensioniert werden.

Tabelle 16. **Wünsche der Privatflugzeugbesitzer hinsichtlich Bauart**

| | Mitteleuropa | Vereinigte Staaten von Amerika |
|---|---|---|
| Geschlossene Kabine | 68,6% | 55,9% |
| Offener Rumpf | 22,2% | 44,1% |
| Rumpf mit Aufsatz | 9,2% | |
| Gewertete Antworten | 55 | 624 |

Das Kabinenflugzeug wird sowohl für Vergnügen als auch Geschäftsreise dem offenen vorgezogen werden, da die Bequemlichkeit durch Schutz gegen Wind und Witterung erhöht ist. Dagegen wird das offene Flugzeug für Schulung und Übung weiterhin in Verwendung bleiben. Eine Trennung des Raumes für den Piloten von dem für die Fluggäste wird nur bei großen Maschinen für den Reiseflug in Betracht kommen, in denen ein Angestellter und nicht der Eigner Führer ist. Für solche Typen werden teilweise offener Sitz des Führers und Kabine für die Fluggäste angestrebt. Da die Hauptabmessungen der Kabine die Form und damit die aerodynamischen Eigenschaften des Flugzeugs bestimmen, ist es wegen der Wirtschaftlichkeit Vorbedingung, nur kleine Ausmaße zu verwenden. In diesen Kabinenflugzeugen wird ein Gehen nicht notwendig sein, weshalb auch nicht volle Standhöhe zweckmäßig ist. Auch die neueren Schnellflugzeuge der Verkehrsgesellschaften[2]) sehen dies nicht vor, obwohl ihre Etappenlänge größer sein wird, als die der hier zu behandelnden privaten Reiseflugzeuge.

Die Bequemlichkeit darf nicht außer acht gelassen werden. Es werden entsprechend den gebräuchlichen Werten anderer Fahrzeuge[3]) etwa 0,8 $m^3$ Raum und 0,55 $m^2$ Fläche je Person vorgesehen. Die durchschnittliche Standhöhe ist dabei 1,45 m. Die in Tabelle 15 ausgewerteten Wünsche der Interessenten lassen erkennen, daß nebeneinanderliegende Sitze mehr und mehr erstrebt werden. In diesem Zusammenhang muß auch erwähnt werden, daß 76% der beantworteten Fragebogen Doppelsteuer vorsehen, um im Fluge abwechseln zu können. Wegen der besseren Verständigungsmöglichkeiten sind beim Eingehen auf diese Wünsche nebeneinanderliegende Sitze vorzuziehen. Damit wird die Breite der Kabine mindestens 1,20 m lichte Weite, um dem Piloten genügend Bewegungsfreiheit zu lassen. Durch Staffelung der Sitze kann an dieser Breite etwas eingespart werden. Für die Unterbringung von Gepäckstücken sind entsprechende Räume vorzusehen, teils durch besondere Gestaltung der Sitze, teils durch Abtrennung besonderer abschließbarer Räume. Je Person werden Kofferräume von $0{,}7 \times 0{,}5 \times 0{,}15$ m $= 0{,}05$ $m^3$ als genügend erachtet.

Der Einstieg zur Kabine und der Zugang zu den Gepäckräumen muß bequem sein. Für Reise- und Privatflugzeuge ist tief liegender Einstieg erwünscht, da auf kleinen Plätzen die Benutzung von Einstiegtritten nicht möglich ist. Dabei soll es dem Konstrukteur überlassen bleiben, eine Türe oder, entsprechend der Zahl der Sitzreihen, dem Automobil gleich mehrere Zugänge vorzusehen.

Zur Erhöhung der Bequemlichkeit im Flug sind verschiedene Vorkehrungen zu treffen, die in den heutigen Mustern nicht immer zur Zufriedenheit beachtet wurden. Die Sitze erfordern zweck-

[1]) Schweizer Aero-Revue 1931 Nr. 10.

[2]) Schatzki, „Die Entwicklung schnellerer Post- und Personenflugzeuge im deutschen Luftverkehr". ZFM. 1932 Nr. 1.

[3]) Pirath, „Die vom Standpunkt des Verkehrs an den Bau von Flugzeugen zu stellenden Forderungen", a. a. O.

mäßige Formgebung und gute Polsterung unter Beobachtung leichten Gewichts. Beweglichkeit der Arme und Beine muß geboten sein, um während des Flugs nicht eingeengt zu sein. Die Sitze sollen verstellbar, der Person angepaßt werden können. Bei bequemen Sitzen muß gute und große Sichtweite, besonders für den Piloten und in den für Vergnügen bestimmten Flugzeugen geboten sein. Die Verwendung von Zellonscheiben hat sich als unzweckmäßig herausgestellt, da diese sehr bald blind werden und die Sichtverhältnisse beeinträchtigen. Der Einbau von nicht splitternden Glasfenstern wird sich daher immer mehr durchsetzen.

Die Scheiben müssen zur Verringerung des Geräusches frei von Vibration sein und daher gegen eine feste Unterlage angedrückt werden. Besondere Sorgfalt verlangt die Durchbildung der Heizung und Ventilation. Zur Heizung wird von den Auspuffgasen des Motors erwärmte Luft in Rohrleitungen durch die Kabine geführt. Die Regelung der Wärme muß in einfacher Weise erfolgen können. Ebenso muß die Zufuhr von Frischluft von den Flugzeuginsassen reguliert werden können. Stetige gute Durchlüftung ohne Zug muß angestrebt werden. Das Öffnen der Fenster wird dabei selten erwünscht sein, einmal aus strömungstechnischen Gründen, sodann wegen der unangenehmen Wirkung des Fahrtwindes auf die Reisenden. Solange es nicht möglich ist, das Motorgeräusch so zu vermindern, daß Verständigungsmöglichkeit gegeben ist, müssen besondere Hilfsmittel wie Sprachrohre oder Telephone vorgesehen werden. An Ausstattungsgegenständen für die Reisenden sind kleine Klapptische und Halter für Kartenroller anzubringen. Weitergehende Wünsche können nach Belieben erfüllt werden.

Für die weiteren Untersuchungen sollen als Beispiele die 4 in Tabelle 17 zusammengestellten Flugzeuge näher untersucht werden.

Tabelle 17. **Charakteristik der vorwiegend zum Einsatz kommenden Flugzeuge**

| Bezeichnung | Zwecke | Nutzlast | | Reichweite |
|---|---|---|---|---|
| | | Person | Gepäck kg | km |
| 1 | 2 | 3 | 4 | 5 |
| I. Sportflugzeug . . . . . . . . . . | Schulung, Übung | 2 | — | 300 |
| II. Sportflugzeug . . . . . . . . . . | Übung, Überlandflug | 2—3 | 60—90 | 500 |
| III. Reiseflugzeug . . . . . . . . . . | Vergnügen | 3 | 90 | 800 |
| IV. Reiseflugzeug . . . . . . . . . . | Geschäftsreisen | 3—4 | 90—120 | 800 |

## 3. Motor

Die Größe und Leistungsfähigkeit des Motors wird bestimmt durch die verlangte Geschwindigkeit, mit der das Transportgefäß unter Berücksichtigung von Gegenwinden und Umwegen vom Start- zum Zielort befördert werden soll. Dazu kommt der Belastungsfaktor, der als Forderung der Sicherheit verlangt werden muß, um den Motor nicht zu überanstrengen und gleichmäßigen Lauf zu erhalten.

Da die Geschwindigkeit, mit der das Transportgefäß befördert werden soll, die Motorgröße und den Verbrauch an Brennstoffen beeinflußt, ist ihre Größe zunächst zu untersuchen. Die zweckmäßigste Geschwindigkeit ergibt sich aus dem verkehrlichen Bedürfnis nach Transportbeschleunigung unter Berücksichtigung der Wirtschaftlichkeit. Dabei ist zu bemerken, daß das Flugzeug im Privatluftverkehr vorzugsweise nur bei Tag eingesetzt werden wird. Es muß durch seine Geschwindigkeit damit auch Vorteile gegenüber den Nachtschnellzügen erreichen. Zuungunsten des Luftfahrzeugs stellen sich dabei die teilweise sehr langen Anfahrzeiten zum Flugplatz. In Abb. 2 sind die möglichen Aufenthaltszeiten bei Benutzung von D-Zug und Flugzeug einander gegenübergestellt. Der Zeitvorsprung des Flugzeugs gegenüber der Eisenbahn wirkt sich für den Benutzer nicht am Zielpunkt, sondern vorteilhafter am Ausgangspunkt aus, wenn ihm z. B. noch Zeit zur Erledigung der früh eingegangenen Post bleibt.

Abb. 3 zeigt dies in einem graphischen Fahrplan, der für $V_F = 170$ km/h mit den resultierenden Linien der Abb. 1 aufgezeichnet würde. Will der Benutzer in einem Punkt A eine Aufenthaltszeit von 2 Stunden z. B. haben, so muß er — günstige Verbindungen vorausgesetzt — mit der Bahn

5.30 Uhr abfahren, während er bei Benutzung des Flugzeugs noch Geschäftliches bis 9 Uhr erledigen kann. Die Rückkehr erfolgt um 18.30 Uhr bzw. 22.30 Uhr. Für die richtige Beurteilung der Zeitwegelinien ist zu berücksichtigen, daß die Eisenbahnstrecke 20—30% länger ist als die Luftlinie. Je größer die Entfernung sein soll, die in einem Tag hin und zurück erledigt werden soll, desto größer muß auch die Geschwindigkeit sein, um noch Vorteile gegenüber der Bahn zu erzielen. Für den geschäftlichen Reiseverkehr muß hierauf besonderer Wert gelegt werden. Vom Standpunkt der Betriebskosten eines Flugs ist die Geschwindigkeit möglichst gering zu halten, da der Brennstoffbedarf auf die Flugstrecke bezogen bei einer nur wenig über der Schwebegeschwindigkeit liegenden Betriebsgeschwindigkeit ein Minimum aufweist. Flugzeuge für Vergnügungszwecke werden daher nicht auf hohe Geschwindigkeit gezüchtet werden, da bei ihnen geringe Kosten erzielt werden sollen.

In diesem Zusammenhang ist die Gegenüberstellung der schon erwähnten amerikanischen Rundfrage und der europäischen Untersuchung interessant. Hinsichtlich der Reisegeschwindigkeit wird vom Flugzeug, das geschäftlich benutzt werden soll, die in Tabelle 18 analysierte Geschwindigkeit verlangt. Die Mehrzahl der Benutzer wünscht nach dem heutigen Stand der konkurrierenden Verkehrsmittel für Privatflugzeuge eine Reisegeschwindigkeit von 150—160 bzw. 150—180 km/h. Die zugehörige Höchstgeschwindigkeit beträgt für solche Maschinen etwa 180—220 km/h, die Landegeschwindigkeit demnach ohne besondere Vorrichtungen 70—90 km/h. Der Leistungsüberschuß wird auch für die erforderliche Gipfelhöhe genügen, die im Hinblick auf die europäischen Gebirge für die Reiseflugzeuge etwa 4000 m sein soll.

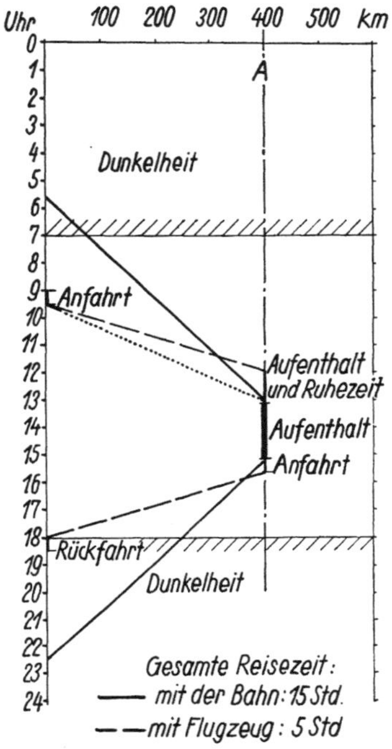


Abb. 3. Fahrplan für Eisenbahn und Flugzeug bei 2 Stunden Aufenthalt am Reiseziel A

Tabelle 18.
**Wünsche der Privatflugzeugbesitzer hinsichtlich Reisegeschwindigkeit**

| | Mitteleuropa | Vereinigte Staaten von Amerika |
|---|---|---|
| Unter 150 km/h . . . . . . . . . . | 8,3% | 14,2% |
| 151—160 km/h . . . . . . . . . . . | 41,7% | 37,7% |
| 161—180 km/h . . . . . . . . . . . | 33,4% | 11,2% |
| 181—200 km/h . . . . . . . . . . . | 8,3% | 13,4% |
| 201—210 km/h . . . . . . . . . . . | } 8,3% | 12,1% |
| Mehr als 210 km/h . . . . . . . . | | 11,4% |
| Gewertete Antworten . . . . . . . . | 55 | 624 |

Anmerkung. Unter Reisegeschwindigkeit ist dabei das Verhältnis von Ortsentfernung zur Gesamtreisezeit einschl. Aufenthalten bei Zwischenlandungen unter Berücksichtigung mittlerer Gegenwinde verstanden.

Nach den üblichen Baumustern ergibt sich, auf die Person bezogen, ein Rüstgewicht von 0,13 bis 0,30 t/Person, im Mittel 0,18 t/Person. Die Nutzlast setzt sich zusammen aus Personen zu je 0,08 t und Gepäck von 0,03 t je Person — mit den oben angenommenen Ausmaßen wäre der Staufaktor des Gepäcks 0,75 m³/t. Dieser wird genügen, da nur mit einheitlichen Gepäckstücken im Privatverkehr zu rechnen ist. — Der Betriebsstoffvorrat $B$ berechnet sich aus Leistung $N \times$ spez. Verbrauch $b \times$ Zeit unter Berücksichtigung von Umwegen. Es ist

$$B = N \cdot b \cdot \frac{S \cdot 1{,}2}{V}.$$

Der spez. Verbrauch kann zu 0,25 kg/PSh angenommen werden. Das Fluggewicht, das sich aus Rüstgewicht, Nutzlast und Betriebsstoffgewicht zusammensetzt, wird damit für die in Tabelle 17 aufgestellten Flugzeuge:

Flugzeug I . . . . . . . $G = 2(0{,}18 + 0{,}08) + 0{,}0008\,N$
Flugzeug II . . . . . . . $G = 3(0{,}18 + 0{,}08 + 0{,}03) + 0{,}0012\,N$
Flugzeug III . . . . . . . $G = 3(0{,}18 + 0{,}08 + 0{,}03) + 0{,}0015\,N$
Flugzeug IV . . . . . . . $G = 4(0{,}18 + 0{,}08 + 0{,}03) + 0{,}0015\,N$.

Zur überschlägigen Berechnung der Leistung wird konstanter Schraubenwirkungsgrad von 0,65 und $\frac{C_a}{C_w} = 6{,}5$ für Waagrechtflug als Mittelwert, üblichen Baumustern entsprechend angenommen, und damit die Leistung errechnet. Es ergibt sich als erforderliche Dauerleistung:

| | |
|---|---|
| Flugzeug I . . . . . . . . | 60— 80 PS |
| Flugzeug II . . . . . . . . | 80—120 PS |
| Flugzeug III . . . . . . . . | 120—150 PS |
| Flugzeug IV . . . . . . . . | 150—250 PS . |

Um gleichmäßigen, störungsfreien Gang des Motors, wie es wegen der Sicherheit erforderlich ist, zu erhalten, soll diese Dauerleistung bei etwa 0,5 der Spitzenleistung liegen[1]). Als Nennleistung des Motors sollte zweckmäßigerweise die Dauerleistung angegeben werden, damit der Flugzeughersteller bei gleicher Sicherheit das passende Motorenmuster sich aussuchen kann und nicht die Gefahr dabei besteht, daß Überanstrengungen auftreten. Vermöge dieses großen Leistungsüberschusses werden die Flugzeuge auch den Anforderungen hinsichtlich Steigfähigkeit und Gipfelhöhe genügen. Wartbarkeit des Motors im Flug ist in Sport- und Reiseflugzeugen nicht möglich, eine Unterteilung der Motorenanlage daher zwecklos. Die Bauart des Motors ist unter Berücksichtigung kleiner Gewichte, geringen Stirnwiderstands, einfacher Wartung und hoher Sicherheit auszuwählen. Die luftgekühlten Motoren, deren Verwendung immer mehr zunimmt, haben den Vorzug kleinerer Gewichte, steter Betriebsbereitschaft und geringerer Störungswahrscheinlichkeit gegenüber flüssigkeitsgekühlten Motoren, da Kühler und seine Leitungen fortfallen.

Die Weiterentwicklung der luftgekühlten Reihenmotoren, besonders solcher mit hängenden Zylindern wird für die Sport- und Privatfliegerei wegen ihrer guten Zugänglichkeit und Wartbarkeit sehr wertvoll sein. Auch höhere Leistungen können in V-förmigen Motoren eingebaut werden, da durch die nebeneinanderliegenden Sitze genügende Rumpfbreite vorhanden ist. Die augenblicklich festzustellende Tendenz der Erhöhung der Drehzahlen bei Verringerung des Hubs muß dazu führen, daß die Motoren mit Untersetzungsgetrieben gebaut werden. Für diese bestehen keine technischen Schwierigkeiten mehr, sie können daher auch als betriebssicher in Privatflugzeuge eingebaut werden. Die Drehzahlen müssen für den normalen Flug so gebaut werden, daß sie nicht im Bereich kritischer Schwingungen liegen. Die Zylinderanzahl ist unter Berücksichtigung der nicht ausgeglichenen Massen festzulegen. Nach genügender Erprobung können auch Zweitaktmotoren in Privatflugzeugen Verwendung finden, da ihre einfache Bedienung gerade hier zweckmäßig ist. Die Motorenindustrie hat sich jedoch bisher wenig mit gebrauchsfähigen Mustern beschäftigt.

Die Verwendungsfähigkeit und der Einsatz von Privatflugzeugen hängt sehr von der Wirtschaftlichkeit des Flugs ab. Um dabei ein Höchstmaß zu erhalten, ist geringer spezifischer Verbrauch von möglichst allgemein verwendbarem Betriebsstoff Grundbedingung. Zur Erreichung dieses Ziels sahen neuere Wettbewerbsausschreiben (Deutschlandflug 1931 und Internationaler Rundflug 1932) Brennstoffverbrauchsprüfungen mit handelsüblichen Betriebsstoffen ohne Zusatz vor, im richtigen Hinblick auf die für Privatflugzeuge auftretende Notwendigkeit mit jedem Betriebsstoff fliegen zu können, um jederzeit an den Tankstellen des gut ausgebauten Verteilungsnetzes für den Kraftwagenverkehr Betriebsstoff übernehmen zu können. Derartige Brennstoffe sind im Ankauf etwa 4% billiger als reine Fliegerbenzine. Das Minimum des spezifischen Verbrauchs ist möglichst der Drehzahl zuzuordnen. die der Normalleistung im Reiseflug entspricht.

Nach genügender Durchbildung des Dieselflugmotors wird dieser zweckmäßigerweise auch in Sport- und Reiseflugzeugen Verwendung finden, da er höhere Wirtschaftlichkeit infolge größerer Sicherheit und kleineren Verbrauchszahlen für billigeren Betriebsstoff erreicht. Der spezifische Verbrauch von Dieselmotoren ist etwa 180—190 g/PSh, wodurch die Betriebsstoffkosten bedeutend gesenkt werden können, zumal für gleiche Reichweite das Flugzeug kleiner gebaut werden kann. Vorerst kann jedoch noch keiner der Bauarten die entsprechende Sicherheit zugesprochen werden. die für den Einbau in Flugzeuge des Privatluftverkehrs nötig ist.

[1]) Kamm, „Die Gestaltung des Luftfahrzeugmotors“. D. V. L.-Jahrbuch 1930.

## 4. Gesamte Anordnung

Die Beförderung des Verkehrsguts mit der oben verlangten Geschwindigkeit kann von Luftschiffen nicht erreicht werden, weshalb diese außerhalb der Betrachtung bleiben. Die Bauart des Flugzeugs hat sich nach der Zweckmäßigkeit und den Aufgaben des Verkehrsinstruments zu richten. Die Frage Hochdecker oder Tiefdecker ist auch für die Privatfliegerei noch nicht entschieden. Hochdecker werden im allgemeinen wegen der besseren Sicht für die Fluggäste gewählt, während Tiefdecker durch das durchlaufende Tragwerk und besonders das mit dem Rumpf fest verbundene Flügelmittelstück bei Bruchlandungen erhöhte Sicherheit aufweisen. Die Wünsche der Privatflieger in dieser Hinsicht zeigt Tabelle 19.

Tabelle 19. **Wünsche der Privatfliegerei hinsichtlich Tragwerk**

| | Mitteleuropa | Vereinigte Staaten von Amerika |
|---|---|---|
| Doppeldecker | 5,9% | 43,2% |
| Eindecker | 94,1% | 56,8% |
| Hochdecker freitragend | 37,1% | |
| Hochdecker verstrebt | 47,4% | |
| Tiefdecker | 15,5% | |
| Gewertete Antworten | 55 | 624 |

Der Doppeldecker wird zum Sport- und Kunstflug wegen seiner besonderen Eignung weiterhin verwandt werden. Auffallend ist der hohe Prozentsatz der Wünsche für Doppeldecker in den Vereinigten Staaten, der davon herrühren mag, daß Amerika nur langsam zum Eindecker übergeht und die Eigner in der Schule und der bisherigen Praxis meist nur Doppeldecker benutzt haben. Bei Heer und Marine sind ebenfalls vorzugsweise Doppeldecker in Verwendung. In Deutschland hat sich der Eindecker in viel größerem Maße durchgesetzt durch den Zwang, die Anschaffungskosten niedrig zu halten. Auch die Schwierigkeiten beim Zusammenklappen der Flächen — eine im Hinblick auf die für wirtschaftliche Haltung gestellte Forderung — lassen den Eindecker immer mehr in den Vordergrund treten.

Mit Rücksicht auf höhere Sicherheitsanforderungen als Schul- und Sportflugzeuge werden diese vorzugsweise als Tiefdecker zu bauen sein. Bei den Reisemaschinen wird wegen der guten Sicht für die Fluggäste die Hochdeckerbauart vorgezogen werden. Die Bauweise kann dabei dem Konstrukteur überlassen werden. In der Schweizer Rundfrage[1]) haben

8,5% für Ganzmetall,
6,4% für Holz,
85,1% für Gemischtbau

gestimmt. Als Begründung kann folgendes angegeben werden. Ganzmetallflugzeuge können in unserem Klima für dauernd auch nicht der Halle entbehren. Auch ist es auf Überlandflügen nicht ratsam, das Flugzeug unbewacht auf dem Platz stehen zu lassen. Das Einbringen in einen geschlossenen Raum wird daher notwendig. Dabei sind die Flächen dieser Flugzeuge beim Abklappen besonders schwer zu bewegen. Holzflugzeuge leiden besonders unter der Witterung und können größtenteils nur von Spezialarbeitern überholt werden, da besonders das Leimen große Sorgfalt erfordert. Die Flugzeuge des Gemischtbaus vereinigen in sich die Vorteile der beiden anderen Bauarten. Der Rumpf ist Metallkonstruktion und kann damit höhere Kräfte aufnehmen. Auch seine Lebensdauer und Wartbarkeit werden verbessert. Die Tragflächen sind Holzkonstruktion mit Sperrholzbeplankung; das leichte Gewicht bietet gute Handhabung beim Abnehmen der Flächen. Die Durchbildung muß den allgemeinen Erfahrungen und Vorschriften entsprechen. Als beachtenswert sollen auch die amerikanischen Erfolge erwähnt werden, bei denen durch besondere Lacke und niet- und stoßkantenfreie Bauart die Geschwindigkeit um etwa 20 km/h erhöht werden konnte.

[1]) Schweizer Aero-Revue, a. a. O.

Zum Übergang vom Luftmedium zur Erde benötigt das Flugzeug Vorrichtungen, durch die es befähigt wird, die vorhandene Energie langsam abzugeben und damit auf der Erde zur Ruhe zu kommen. Für Landflugzeuge werden daher Fahrwerke, für Seeflugzeuge Schwimmer vorgesehen oder der ganze Rumpf schwimmfähig gebaut. Wenn auch die Verwendungsmöglichkeit der einzelnen Gattungen lokal begründet und verschieden ist, sollen doch in der folgenden Tabelle die Wünsche der Flugzeugbesitzer angeführt werden, da sie zeigt, daß vielen ein Land-Wasser-Flugzeug wertvoll wäre.

Tabelle 20. **Wünsche der Privatflugzeugbesitzer hinsichtlich Fluggattung**

| | Mitteleuropa | Vereinigte Staaten von Amerika |
|---|---|---|
| **Landflugzeuge** | 65,0% | 64,6% |
| **Wasserflugzeuge** | 3,2% | 1,2% |
| **Amphibien** | 31,8% | 34,2% |
| Gewertete Antworten | 55 | 624 |

Reisewasserflugzeuge werden der begrenzten Verwendungsmöglichkeit, der teuren Anlagen zum Auf- und Abschleppen, sowie der großen Unterhaltungskosten der Schwimmer wegen für den Allgemeingebrauch ausscheiden. Die Leistungsfähigkeit von Amphibien darf nicht überschätzt werden. Der Widerstand beim Wasserstart ist sehr groß, so daß starke Motoren verwendet werden müssen. Bei mittlerem und starkem Seegang wird der Start undurchführbar sein, weshalb vorzugsweise nur Binnengewässer benutzt werden können. Die besondere Sorgfalt für die Abdichtung des Rumpfes, die infolge eingehenderer Pflege notwendigen Mehrausgaben und der infolge größerer Motorleistung höhere Betriebsstoffverbrauch werden höhere Anschaffungs- und Betriebskosten mit sich bringen. Immerhin wird auch diese Gattung in gewissen Fällen im privaten Reiseluftverkehr wirtschaftlich eingesetzt werden können. Der Pilot hat sich dafür seemännische Kenntnisse anzueignen, um das Fahrzeug auf Gewässern ordnungsgemäß zu führen.

Einziehbare Fahrgestelle zur Verringerung des Widerstandes bei Landflugzeugen sind im Sport- und Reiseflugzeugbau bisher nur selten angewandt worden, da sie in Notfällen durch Versagen oder Nichtbetätigung der Ausschwingvorrichtung ein weiteres Gefahrenmoment bilden und durch Einbau der nötigen Apparatur Mehrgewicht mit sich bringen. Um das Fahrgestell vor der Landung übersehen zu können, wird neuerdings ein Spiegelsystem angebracht. Geringe Fahrgestellhöhe, wie sie auch wegen bequemen Einstiegs gefordert und durch Hochlage der Schraubenachse bei hängenden Zylindern erreicht werden kann, in Verbindung mit einfacher Verkleidung der Laufräder, werden bei höherer Sicherheit und der verhältnismäßig geringen Geschwindigkeit fast denselben Zweck erreichen. Für Winterreisen können an die meisten Typen Skis angebracht werden, die im Bedarfsfalle auch gegen Schwimmer ausgetauscht werden können.

Besonderes Augenmerk ist auch auf die Transportfähigkeit am Boden zu richten. Hierfür sollte die Möglichkeit des Schleppens mittels Auto gegeben sein. Dagegen kann ein Wechselgetriebe, das einmal auf die Luftschraube, im anderen Fall auf die Laufräder bei ausgeschalteter Schraube wirkt, nicht befürwortet werden, da für einwandfreies Arbeiten dieses Getriebes nicht die nötige Sicherheit geboten ist. Auch besteht nur in seltenen Fällen die Notwendigkeit, das Flugzeug mit zurückgelegten Flächen als Straßenfahrzeug zu benutzen. In diesem Falle müßten, um der Straßenverkehrsordnung zu genügen, verschiedene Bedingungen erfüllt werden, die dem Flugzeug als solchem hinderlich wären, und neben höherem Leergewicht auch größere Kosten verursachen würden.

### 5. Instrumente und Ausrüstung

Die zum Fliegen nötigen Instrumente sollen baulich einfach sein und keiner Wartung bedürfen. Die Anordnung der einzelnen Ziffernblätter muß zweckentsprechend sein und darf keine Verwechslungen vorkommen lassen. Hier besonders muß zwischen Konstrukteur von Flugzeug und Instrument einerseits und Piloten andererseits enge Zusammenarbeit bestehen zur Schaffung und Normalisierung der wichtigsten Instrumente. Diese können eingeteilt werden in solche zur Erhaltung und Sicherung des Flugzustands (Flug- und Triebwerküberwachungsgeräte) und in solche zum Auffinden des geplanten Wegs (Navigationsgeräte). Die Anforderungen an beide Arten sind hinsichtlich Sicherheit und Leistungsfähigkeit sehr hoch zu stellen. Als dritter Faktor kommt die Wirtschaftlichkeit hinzu, die kleines Baugewicht und niedere Kosten verlangt, weshalb Instrumente stets Kompromißlösungen bleiben werden. Allgemein kann gesagt werden, daß die Instrumente deutlich und anschaulich anzeigen müssen und übersichtlich zusammengehörig anzuordnen sind.

Für Flüge ohne Bodensicht, wie sie der geschäftliche Privatreiseverkehr durchzuführen hat, sind Blindfluginstrumente, wie Neigungsmesser für Quer- und Längsneigung, Variometer und künstlicher Horizont vorzusehen. Die Benutzung dieser Instrumente setzt jedoch eingehende Kenntnisse voraus, wie sie nur durch besondere Schulung erreicht werden können. Für Flüge ohne Bodensicht wird auch der Einbau mindestens von Funkempfängern notwendig. Da der Empfang von verschlüsselten Zeichen für den Privatpiloten unbrauchbar ist, muß die Durchgabe telephonisch erfolgen. Zur Sendung muß es wegen der Schwierigkeit genügen, wenn der Pilot einen Notruf und Anforderung von Wetter- und Positionsmeldung durch vereinbarte, möglichst automatisch ausstrahlende Zeichen aussenden kann. Die Gewichte der Empfangs- und Sendeanlagen für Telegraphie- und Telephonieverkehr und ihre Reichweiten sind nach üblichen Ausführungen in Tabelle 21 zusammengestellt[1]).

Tabelle 21. **Funkinstrumente für Sport- und Reiseluftverkehr**

| | Sendestärke Watt | Sichere Reichweite km | Gewicht kg | Anschaffungspreis RM. |
|---|---|---|---|---|
| 1 | 2 | 3 | 4 | 5 |
| Reine Empfängeranlage: | | | | |
| Telephonie | 30 | 150 | 8,8 | 3320 |
| Empfänger -und Sendeanlage: | | | | |
| Telegraphie | 20 | 200 | 28,4 | |
| Telephonie | 50 | 175 | 58,5 | 11750 |

Für die Vergnügungsreisen kann angenommen werden, daß sie nur bei gutem Wetter stattfinden, daß also Bodensicht die Orientierung ermöglicht und für die verhältnismäßig kurzen Strecken die Wetterberatung vor dem Flug ausreicht. Die für diesen Dienst eingesetzten Flugzeuge können also der Funkinstrumente entbehren.

## 6. Zusammenfassung

Zur Befriedigung und Erfüllung möglichst aller Anforderungen, die vom Verkehrsstandpunkt an das einzusetzende Flugzeug gestellt werden, ist engste Zusammenarbeit von Flugzeug-, Motoren- und Instrumentenkonstrukteur notwendig. Das gemeinsame Ziel muß Sicherheit, Leistungsfähigkeit und Wirtschaftlichkeit bleiben. In der folgenden Tabelle 22 sind die Hauptdaten der vorgeschlagenen Flugzeugtypen enthalten. Die Zahlen geben nur Mittelwerte als Anhaltspunkte an.

Tabelle 22. **Zusammenstellung über zweckmäßige Ausbildung von Flugzeugen für den Sport- und privaten Reiseflug**

| Bezeichnung | I Sportflugzeug | II Sportflugzeug | III Reiseflugzeug | IV Reiseflugzeug |
|---|---|---|---|---|
| Verwendungszweck | Schulung, Übung | Übungs-überlandflüge | Vergnügen | Geschäftsreisen |
| Sitze | 2 | 2—3 | 3 | 3—4 |
| Gewichte: | | | | |
| Rüstgewicht kg | 350 | 350— 550 | 550 | 550— 750 |
| Nutzlast kg | 150 | 220— 330 | 330 | 330— 450 |
| Verbrauchslast kg | 50 | 60— 120 | 120 | 120— 300 |
| Fluggewicht kg | 550 | 630—1000 | 1000 | 1000—1500 |

[1]) Rößger, a. a. O.

Fortsetzung der Tabelle 22

| | I Sportflugzeug | II Sportflugzeug | III Reiseflugzeug | IV Reiseflugzeug |
|---|---|---|---|---|
| Motorleistung: Nennleistung = Dauerleistung . . . PS | 25—50 | 50—130 | 130—150 | 150—220 |
| Geschwindigkeit: | | | | |
| Reisegeschw. . . km/h | 100—120 | 120—150 | 150—160 | 160—180 |
| Betriebsgeschw. . km/h | 115—130 | 130—165 | 165—180 | 180—200 |
| Höchstgeschw. . . km/h | 130—150 | 150—185 | 185—200 | 200—230 |
| Landegeschw. . . km/h | 55—60 | 60—75 | 75—80 | 80—90 |
| Reichweite . . . . . km | 300 | 500 | 800 | 800 |
| Gattung . . . . . . . . | Landflugzeug | Landflugzeug oder Amphibie | Landflugzeug oder Amphibie | Landflugzeug oder Amphibie |
| Anordnung der Flügel . . | Tiefdecker | Tiefdecker oder Doppeldecker | Hochdecker oder Tiefdecker | Hochdecker oder Doppeldecker |
| Bauart . . . . . . . . | offen | offen oder Kabine | Kabine | Kabine |
| Sitzanordnung . . . . . | hintereinander | neben- oder hintereinander | 2 nebeneinander | je 2 nebeneinander |
| Blindflugtauglich . . . . | nein | nein, nur unter Umständen | möglichst ja | ja |
| Beispiel heutiger Flugzeugmuster | Klemm L 25 Hirth-Motor | BFW. M 23c Klemm L 26 | Puss Moth DH. 80 Klemm KL 32 | Stinson R Waco C |

Sämtliche Flugzeuge sollten faltbare Flügel, bremsbare Räder, tiefliegenden Einstieg, gute Sichtmöglichkeit, gute Flugeigenschaften und stabile Konstruktion haben.

# IV. Die Kosten der Privatluftfahrt

## 1. Anschaffungskosten

Die Anschaffungskosten der Zellen einschließlich Einrichtungen, jedoch ohne Motor, belaufen sich bei den üblichen deutschen Bauarten der Sport- und Reiseflugzeuge (Landflugzeuge) auf 6000 bis 26000 RM. Ausländische Baumuster können für deutsche Verhältnisse nicht als Beispiele herangezogen werden, da ihre Anschaffungskosten durch Subventionen und Militäraufträge gedrückt sein können, also nicht den Selbstkosten entsprechen. Da die Flugzeugherstellung noch stark in der Entwicklung steht, sind einheitliche Kosten je Kilogramm Leergewicht oder Nutzlast noch nicht zu ermitteln. Die aerodynamischen Verfeinerungen an einer Maschine können besonders starke Erhöhung der Kosten mit sich bringen, so daß keine Tendenz festzustellen ist.

Auf das Rüstgewicht ohne Motor bezogen schwanken die bei Serienherstellung geltenden Anschaffungskosten zwischen 30 und 60 RM./kg. Für die verschiedenen Bauweisen sind keine wesentlichen Abweichungen festzustellen. Bei sinngemäßer Anwendung dieser Kostensätze für die in Tabelle 22 aufgeführten Flugzeuge erhält man für die einzelnen Klassen die durchschnittlichen Anschaffungskosten der Zelle:

| | |
|---|---|
| Klasse I . . . . . . . . . . . . . . . . | 7650 RM., |
| Klasse II . . . . . . . . . . . . . . . . | 8500 RM., |
| Klasse III . . . . . . . . . . . . . . . . | 10000—16500 RM. |
| Klasse IV . . . . . . . . . . . . . . . . | (Klasse III und IV zusammen) |

Bei Einzelherstellung sind die Sätze um 10—15% höher.

Die Motorenpreise werden meist auf die Leistung bezogen. Aus Konkurrenzrücksichten werden dabei, wie bei den Einheitsgewichten, die Spitzenleistungen zugrunde gelegt, die zur Vermeidung von Schäden mit Rücksicht auf die erforderliche Sicherheit nie angenommen werden sollten. Es erscheint daher zweckmäßiger und einheitlicher, als Bezugsleistung die Dauerleistung anzunehmen. Diese liegt bei 50% der Spitzenleistung. Im Mittel belaufen sich die Kosten, auf das Baugewicht der betriebsfertigen Motore bezogen, auf etwa 55 RM./kg, schwankend zwischen 48 und 78 RM./kg. Durch Umrechnung mit einem mittleren Einheitsgewicht, das auf die Dauerleistung bezogen wurde, von 1,35 kg/PS erhält man als Kosten je PS Dauerleistung 75 RM./PS. Mit diesem Mittelwert werden die Anschaffungskosten der Motoren in den einzelnen Klassen:

| | |
|---|---|
| Klasse I . . . . . . . . . . . | 1900— 4000 RM., |
| Klasse II . . . . . . . . . . . | 4000— 8000 RM., |
| Klasse III . . . . . . . . . . . | 6000—10000 RM., |
| Klasse IV . . . . . . . . . . . | 10000—16500 RM. |

Zur Senkung der Anschaffungskosten der Motoren wäre es notwendig, größeren Absatz zu erhalten. Da dies durch die Verbote in Deutschland nicht möglich ist, muß danach gesehen werden, die Kosten auf andere Weise zu senken. Ein guter begehbarer Weg kann darin erblickt werden, daß die Konstruktion nach dem Baukastenprinzip dahin zielt, möglichst viele Teile des Flugzeugmotorenbaus so zu bauen, daß sie auch im Automobilmotorenbau mit seinem großen Absatz Verwendung finden können.

Neben dem Flugmaterial entstehen noch einige Nebenkosten durch Beschaffung von Karten, Hilfsmitteln für den Unterstellraum, wie Feuerlöscher und Gefäße. Während für Flugzeuge der Klasse I nur wenig Karten notwendig sind, werden diejenigen der Klasse II sämtliche Karten ihres Landes benötigen. Die Reiseflugzeuge bedürfen darüber hinaus noch der Karten der Nachbarländer. Die Hilfsmittel werden für alle Klassen gleich angenommen.

Die einmaligen Ausgaben der Schulung werden in der Analyse auf 20 Jahre Flugzeit umgelegt, da sie für die gesamte Flugtätigkeit des Piloten anzurechnen sind. Sie belaufen sich unter Bezug auf Tabelle 5 der Abhandlung 1 dieses Heftes für die Flugzeuge der Klassen I und II ohne Ermäßigung auf 2000—2400 RM. (A 2-Schein), für die Klassen III und IV auf 5000—8000 RM. (B 1- bzw. B 2-Schein). Für den zusätzlichen Einbau von Blindfluginstrumenten sind beim geschäftlich eingesetzten Flugzeug 1000 RM. in Rechnung zu stellen. Die behördlich vorgeschriebenen Instrumente sind im Zellenpreis enthalten.

### 2. Betriebskosten

Zur Beurteilung der Entwicklungsmöglichkeit eines Verkehrsmittels muß neben der Leistungsfähigkeit auch die Wirtschaftlichkeit einer genauen Untersuchung unterzogen werden. Bei einem privaten, nicht öffentlichen Verkehrsinstrument werden dabei die Selbstkosten die Grundlage für die wirtschaftlichen Überlegungen des Verkehrsinteressenten bilden, während beim öffentlichen Verkehrsmittel die Grundlagen für den Verkehrsinteressenten durch die Tarife gegeben sind. Grundsätzlich sollen diese aus volkswirtschaftlichen Gründen in ihrer Gesamtheit die Selbstkosten decken. In der Entwicklungszeit eines neuen Verkehrsmittels werden jedoch hiervon Ausnahmen gemacht, bis es verkehrsreif ist und genügendes Verkehrsaufkommen vorhanden ist. Die Mittel werden vom Staat oder der öffentlichen Hand gegeben, wenn Vorteile volkswirtschaftlicher Art für die Zukunft zu erwarten sind. Zur Feststellung der volkswirtschaftlichen Wettbewerbsgrenzen mehrerer Verkehrsmittel müssen jedoch gleiche Verhältnisse, also jeweils die Selbstkosten einander gegenübergestellt werden. Diese werden zunächst auf die Einheit der Betriebsleistungen, das Flug-km, bezogen. Für vergleichende Zwecke muß jedoch die Einheit der angebotenen Verkehrsleistungen, das angebotene Nutz-km oder das angebotene Personen-km, als Grundlage herangezogen werden.

Für das nicht öffentliche Verkehrsmittel, das auf verschiedenen Strecken eingesetzt wird, macht die Berechnung der Verkehrsleistung, d. h. der beförderten Güter oder Personen, multipliziert mit der jeweiligen Transportweite, Schwierigkeiten. Für das Luftfahrzeug, dessen Nutzlast von der Reichweite abhängt, wird auch die Feststellung des angebotenen Nutz-tkm zu umständlich sein, so lange nicht immer dieselben Strecken beflogen werden. Ungefähr ließe sich der Wert aus einer mittleren Nutzlast der Fahrzeuge und den Flug-km bestimmen. Die geleisteten tkm können jedoch nicht ermittelt werden, da beim privaten Verkehrsmittel die Gepäckstücke nicht gewogen werden. Es wird daher genügen müssen, die angebotenen Personen-km aus den geleisteten Flug-km und den angebotenen Sitzplätzen je Flugzeug zu ermitteln. Die geleisteten Personen-km können sodann mit der mittleren Besetzung während eines Betriebsabschnittes annähernd genau bestimmt werden.

Die folgenden Untersuchungen werden daher auf das Flug-km bezogen. Die gesamten Selbstkosten gliedern sich in zwei Hauptgruppen: Veränderliche und feste Kosten, d. h. von der Flugtätigkeit abhängige und unabhängige Kosten. Die einzelnen Kostenarten sind in den folgenden Untersuchungen entsprechend den üblichen Schemen für Selbstkostenanalysen im Luftverkehr[1]) zusammengefaßt. Dabei ist vorausgesetzt, daß der Eigner selbst fliegt und keinen Piloten angestellt hat. Die Zahlen sind nur Mittelwerte, die über- und unterschritten werden können.

Bei der Verwendung von fast allgemein benutzten Benzinmotoren schwankt der spezifische Brennstoffverbrauch von 0,22 bis 0,30 kg/PSh. Unter Zugrundelegung eines Brennstoffpreises von 0,55 RM./kg und eines Zuschlags von 10 % für Mehrverbrauch bei Start und Steigen erhält man Brennstoffkosten von durchschnittlich 0,13 RM./PSh. Für Öl können 0,02 RM./PSh eingesetzt werden. Für den Dieselflugmotor im Privatflugbetrieb können noch keine Werte angegeben werden, jedoch werden sich die gesamten Betriebsstoffausgaben bei Verwendung betriebssicherer Schwerölmotoren wegen des geringeren Verbrauchs und der niederen Kosten um etwa 40 % senken lassen.

Über die Kosten für Ersatz- und Reserveteile liegen noch wenig Unterlagen vor. Erst allmählich wird damit begonnen, die Kosten der einzelnen Typen festzustellen und miteinander zu vergleichen. Die Werte liegen noch weit voneinander entfernt, zumal sich hier die individuell verschiedene Pflege geltend macht. Die Grundüberholung des Motors wird nach 150—200 Flugstunden erfolgen müssen und wird zweckmäßig in die verkehrsarme Zeit verlegt. In Frankreich ist die Überholung des Motors nach spätestens 200 Stunden vorgeschrieben. Dabei ist sodann auch jeweils die Zelle eingehend durchzusehen. Die Grundüberholung findet zweckmäßigerweise bei der behördlich vorgeschriebenen Kontrolle nach jeweils 18 Monaten statt, da hierbei festgestellte Anstände meist eine Teilzerlegung notwendig machen. Arbeiten, die noch hätten verschoben werden können, werden dabei miterledigt. Als gesamte Überholungs- und Wartungskosten sollen jährlich 10 bis 15 % des Neuwerts angenommen werden, entsprechend den bisherigen Erfahrungen und auf Grund der maximal auf 5 Jahre angegebenen wirtschaftlichen Lebensdauer, während der die Wartungskosten den Neuwert nicht überschreiten sollen.

Die Lebensdauer eines Motors wird bestimmt durch seine Beanspruchung und Pflege, sowie seine Konstruktion. Auch hierfür liegen noch wenig Unterlagen vor. Es soll angenommen werden, daß der Motor nach 800 Flugstunden ausgetauscht wird, während in Verkehrsbetrieben bis zu 1200 Stunden angesetzt werden. Die tatsächlichen Leistungen liegen höher, da die Stand- und Probeläufe noch zu addieren sind. Diese Annahme für den privaten Reiseflug muß durch die Erfahrungsergebnisse der einzelnen Baumuster noch belegt werden.

Die Flughafengebühren umfassen Start- und Landegelder und die Unterstellungsgebühren. Für ihre Bemessung sind in den einzelnen Ländern verschiedene Grundlagen vorhanden. Teils wird nach der benötigten Fläche, teils nach dem Gewicht oder der Leistung gemessen. Es sind Bestrebungen im Gange, dies auf Grund internationaler Vereinbarungen einheitlich zu regeln, vor allem für jeden Platz wegen der Einfachheit der Abrechnung die Gebühren auf einer Grundlage aufzubauen. Die Forderung von Start- und Landegebühr ist unzweckmäßig, da im allgemeinen auf jede Landung von demselben Flugplatz auch der Start folgt. Die Gebühr kann also zusammengefaßt werden. In Tabelle 23 sind die Sätze einiger Länder zusammengestellt. Die Uneinheitlichkeit der Berechnungen, die nur für durchkommende Flugzeuge gelten, ist deutlich festzustellen. Für die am Platze heimischen Flugzeuge können auf Grund von besonderen Verträgen ermäßigte Gebühren festgelegt werden.

Unter die veränderlichen Kosten sind nur die Unterstellgebühren einzusetzen, die bei Überlandflügen entstehen. Die Miete des Unterstellraumes im Heimatflughafen ist unter feste Kosten zu buchen. In der Kostenaufstellung wurden die deutschen Sätze zugrunde gelegt und angenommen, daß ein Drittel der Starts der Flugzeuge II—IV auf den Heimatplatz mit 50 % Preisermäßigung entfallen. Die Flugzeuge der Klasse I sollen meist auf den Ausgangspunkt wieder zurückkehren. Bei einem Drittel der Flüge der Reisemaschinen soll auswärts übernachtet werden, während die Sportflugzeuge stets zum Heimathafen zurückkehren sollen.

---

[1]) Jacobshagen, „Analyse der Selbstkosten eines Luftverkehrsbetriebs", in: Heft 3 der Forschungsergebnisse des V. I. L. München 1930.

Tabelle 23. **Flughafengebühren für Sport- und Reiseflugzeuge**

| Land | Start- und Landegebühren | | | Hallenmiete | | | Bemerkungen |
|---|---|---|---|---|---|---|---|
| | RM./Start u. Landung | bezogen auf ein | bis zu | RM./24 h | bezogen auf ein | bis zu | |
| 1 | 2 | 3 | 4 | 5 | 6 | 7 | 8 |
| Deutschland | 1,00 | Flugzeug | 1200 kg Rüstgewicht | 2,00 | Flugzeug | 1200 kg Rüstgewicht | Start- u. Landegebühren getrennt |
| England | 2,00 | Flugzeug | 500 m² | 3,00 | Flugzeug | 500 m² | |
| Frankreich | 0,01 | PS | | 0,40 | 50 m² | | 48 Std. freie Unterstellung |
| Italien | 4,80 | Flugzeug | 50 PS | 3,60 | Flugzeug | 50 PS | Start- und Landegebühren getrennt |
| | 5,80 | Flugzeug | 100 PS | 4,30 | Flugzeug | 100 PS | |
| | 6,60 | Flugzeug | 150 PS | 5,30 | Flugzeug | 150 PS | |
| Niederlande | 0,02 | PS | | 0,03 | PS | | |
| Schweiz | 0,80 | Flugzeug | 500 kg Leergewicht | 2,40 | Flugzeug | 50 m² | |
| | 1,60 | Flugzeug | 1000 kg Leergewicht | 3,20 | Flugzeug | 75 m² | |
| | 3,20 | Flugzeug | 2000 kg Leergewicht | 4,05 | Flugzeug | 100 m² | |

Es wird davon ausgegangen, daß die Wartung von Motor und Zelle bei den Sportflugzeugen vom Eigner selbst erfolgt, während sie bei den Reiseflugzeugen einem Tankwart oder Monteur übertragen wird. Das Bestreben, diese Kosten durch Verbesserung der Konstruktion im Hinblick auf einfache Wartung zu verringern, darf nicht zur Verringerung der Qualität führen. Nach jedem Flugtag müssen nach den Aufstellungen von Lockwood[1]) etwa 1—1½ Stunden für die Wartung aufgewandt werden. Der Lohn eines nebenberuflich angestellten Monteurs soll dabei mit 1,50 RM./Std. angesetzt werden.

Die Miete des Unterstellraums im Heimathafen gehört zu den festen Kosten, ihre Höhe wird mit 30 RM. je Monat angemessen sein.

Für die Entwicklungszeit des privaten Reiseflugs ist es besonders schwer, eine Abschreibungsquote anzugeben, einmal weil noch wenig Erfahrungen über die Lebensdauer der Flugzeuge vorliegen, und dann weil die Gefahr der Überalterung besonders groß ist, solange die Transportgefäße erst den Anforderungen an das neue Verkehrsinstrument angepaßt werden müssen. Eine amerikanische Untersuchung[2]) für 1931 stellt fest, daß bei offenen Sportflugzeugen

4% im ersten Jahr,
7% im zweiten Jahr der Inbetriebnahme

durch Brüche ausscheiden. Durch Abnutzung ist mit Außerbetriebsetzung jeweils der restlichen Flugzeuge wie folgt zu rechnen:

| | |
|---|---|
| 12% im dritten Jahr, | 33% im fünften Jahr, |
| 25% im vierten Jahr, | 40% im sechsten Jahr. |

Die mittlere Lebensdauer beträgt dabei etwa 4 Jahre. Bei Kabinenflugzeugen sind die Prozentsätze:

| | |
|---|---|
| 4% im ersten Jahr, | 12% im vierten Jahr, |
| 6% im zweiten Jahr, | 15% im fünften Jahr, |
| 10% im dritten Jahr, | 25% im sechsten Jahr. |

Das mittlere Alter kann zu 5 Jahren angenommen werden. Gegenüber dem Jahre 1930 stellen diese Zahlen eine Besserung um 10% dar. Für die folgende Kostenaufstellung werden 1200 Stunden als wirtschaftliche Lebensdauer angenommen. Maximal sollen 4 bzw. 5 Jahre festgesetzt werden, entsprechend den bisherigen Erfahrungen.

[1]) Lockwood, „Maintenance yardstick for the designer". Aviation, Januar 1932.
[2]) Aviation, März 1932.

Das Anlagekapital, das für die Anschaffung der Flugzeuge und der notwendigen Zubehörteile aufzubringen ist, muß zu dem üblichen Zinsfuß verzinst werden. Die in manchen Ländern gewährten Ankaufsprämien wirken sich auch hier als Senkung der Betriebskosten und daher auch in dieser Hinsicht auf die Förderung der Privatfliegerei aus.

Die Versicherungen des Flugmaterials machen einen großen Teil der Selbstkosten aus, da die Prämien sehr hoch sind. Der Kostenaufstellung für Sportflugzeuge ist der Satz von 12% des Neuwerts zugrunde gelegt worden, wie er für Sammelversicherungen in Deutschland und ungefähr auch in England gilt. Für die Flugzeuge III und IV sind in Deutschland 16% einzusetzen. Dazu kommt die Haftpflichtversicherung mit 120 bzw. 270 RM. jährlich. Die Unfallversicherung für Personen wird hier nicht eingerechnet, solange kein Angestellter gewerbsmäßig verpflichtet ist.

Der Flugfunkdienst (Flugstrecken-, Flugzeug- und Flugwetterfunkdienst) wird nach dem üblichen Gebrauch auch dem nichtöffentlichen Luftverkehr kostenlos zur Verfügung gestellt. Für die Kostenanalyse der für Überlandflüge eingesetzten Maschinen sind jedoch Telephongebühren in Höhe von 50 RM. je Jahr einzusetzen für Verbindungen zwischen Flughäfen, die dem Kabelnetz nicht angeschlossen sind. Die Betriebskosten einer Flugzeugsende- und Empfangsanlage, wie sie für Flugzeug IV vorgesehen ist, belaufen sich einschließlich Verzinsung und Abschreibung auf jährlich etwa 5000 RM.[1]).

Es müssen noch die Kontrollkosten, die den Abnahmebehörden für die staatlich vorgeschriebenen Kontrollen zur Prüfung der Verkehrssicherheit zu bezahlen sind, eingesetzt werden. In Deutschland findet eine solche alle 18 Monate statt und kostet für Flugzeug I und II 120 RM., für Flugzeug III und IV etwa 270 RM. Die durch diese Kontrollen notwendigen Instandsetzungsarbeiten sind schon bei den Unterhaltungs- und Wartungskosten eingerechnet.

Unter die sonstigen festen Kosten sind die Ausgaben für die Beschaffung von Triptyks, Erneuerung des Kartenmaterials und der Hilfsmittel, sowie Mitgliederbeiträge an Vereinigungen einzusetzen. Die Triptyks kosten im Jahr

| | | |
|---|---|---|
| 60 RM. | für ein Flugzeug bis zum Werte von | 20000 RM. |
| 100 RM. | „ „ „ im Werte von | 20000—50000 RM. |

Die Triptyks werden nur für die Reiseflugzeuge vorgesehen. Die Ergänzung der Karten und Hilfsmittel soll jährlich 10% ihrer Beschaffungskosten betragen.

Die Zusammenstellung (Tabelle 24) gibt die Durchschnitte der Kostenarten nach den heutigen Erfahrungen an. Bei Selbstkostendeckung der Flughäfen müßten die Gebühren bedeutend erhöht werden.

Soll das Flugzeug der Klasse IV von einem berufsmäßigen Piloten gesteuert werden, so erhöhen sich die Kosten je Flug-km um etwa 0,07 RM. In der zugehörigen Abb. 4 sind die in der Tabelle enthaltenen Kosten über den Flugstunden aufgetragen. Je größer der Anteil der festen Kosten ist, desto größer sollte die Ausnutzung sein, um die Gesamtkosten je Flug-km zu vermindern.

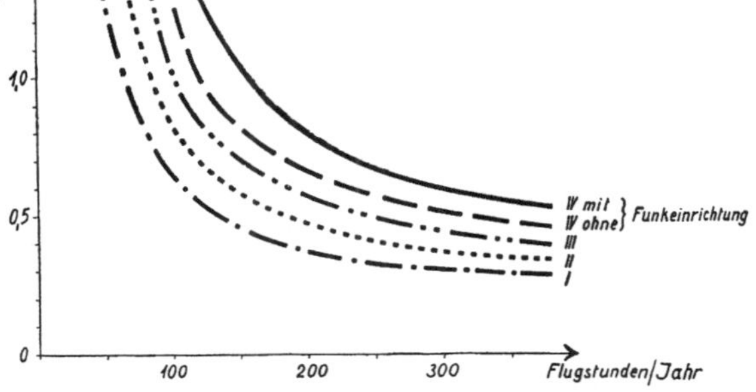


Abb. 4. Selbstkosten je Flug-km von Sport- und Reiseflugzeugen in Abhängigkeit von der Zahl der Flugstunden im Jahr

[1]) Rößger, a. a. O.

Tabelle 24. **Durchschnittliche Selbstkosten im Betrieb von Sport- und Reiseflugzeugen ohne Berufsflugzeugführer**

| | Klasse I | | Klasse II | | Klasse III | | Klasse IV | |
|---|---|---|---|---|---|---|---|---|
| 1 | 2 | | 3 | | 4 | | 5 | |
| a) Annahmen: | | | | | | | | |
| Anschaffungspreis: | | | | | | | | |
| Zelle . . . . . . . . . . . RM. | 7650 | | 8500 | | 15600 | | 16500 | |
| Motor . . . . . . . . . . . RM. | 3950 | | 6500 | | 6500 | | 11000 | |
| Flugzeug gesamt . . . . . RM. | 11600 | | 15000 | | 22100 | | 27500 | |
| Sonstiges . . . . . . . . . . RM. | 150 | | 350 | | 500 | | 500 | |
| Instrumente . . . . . . . . RM. | — | | — | | — | | 1000 | |
| Schulung . . . . . . . . . RM. | 2200 | | 2200 | | 5000 | | 8000 | |
| Gesamtes Anlagekapital . . . RM. | 13950 | | 17550 | | 27600 | | 37000 | |
| Reisegeschwindigkeit . . . . km/h | 100 | | 125 | | 150 | | 167 | |
| Durchschnittliche Motorenstärke PS | 60—80 | | 80—120 | | 120—180 | | 180—250 | |
| Sitzzahl . . . . . . . . . . . . . | 2 | | 3 | | 3 | | 4 | |
| Jährliche Ausnutzung . . . Flug-h | 200 | | 200 | | 300 | | 300 | |
| Durchschnittliche Dauer eines Flugs . . . . . . . . . . . . h | 0,5 | | 1,1 | | 1 | | 2 | |
| Durchschnittliche Zahl der Flüge je Tag . . . . . . . . . . . . . . | 4 | | 2 | | 3 | | 1,5 | |
| Zahl der Starts je Jahr . . . . . | 400 | | 200 | | 300 | | 150 | |
| Flugtage je Jahr . . . . . . . . . | 100 | | 100 | | 100 | | 100 | |
| Jährliche Leistung . . . Flug-km | 20000 | | 25000 | | 45000 | | 50000 | |
| | RM./Jahr | % | RM./Jahr | % | RM./Jahr | % | RM./Jahr | % |
| b) Kostenanalyse: | | | | | | | | |
| 1. Veränderliche Kosten: | | | | | | | | |
| Betriebsstoffe . . . . . . . . . | 1260 | 15,5 | 2520 | 22,6 | 3780 | 20,1 | 5400 | 21,0 |
| Unterhaltung . . . . . . . . . | 1160 | 14,3 | 1500 | 13,4 | 3310 | 17,6 | 4125 | 16,1 |
| Abschreibung des Motors . . . . | 990 | 12,2 | 1625 | 14,6 | 2160 | 11,5 | 3670 | 14,3 |
| Flughafengebühren . . . . . . . | 200 | 2,5 | 165 | 1,5 | 320 | 1,7 | 860 | 3,3 |
| Monteurlohn . . . . . . . . . | — | — | — | — | 200 | 1,1 | 200 | 0,8 |
| Sonstige veränderliche Kosten . | — | — | — | — | 300 | 1,6 | 300 | 1,2 |
| Summe der veränderlichen Kosten . | 3610 | 44,5 | 5810 | 52,1 | 10070 | 53,6 | 14555 | 56,7 |
| 2. Feste Kosten: | | | | | | | | |
| Hallenmiete . . . . . . . . . . . | 360 | 4,4 | 360 | 3,2 | 360 | 1,9 | 360 | 1,4 |
| Abschreibung der Zelle, einschl. Instrumente . . . . . . . . . . | 1910 | 23,6 | 2125 | 19,1 | 3120 | 16,6 | 3500 | 13,6 |
| Zinsen 5% . . . . . . . . . . | 700 | 8,6 | 880 | 7,9 | 1380 | 7,3 | 1850 | 7,2 |
| Versicherungen . . . . . . . . . | 1310 | 16,2 | 1690 | 15,2 | 3200 | 17,1 | 4560 | 17,8 |
| Funk- und Wetterdienst . . . . | — | — | 50 | 0,4 | 50 | 0,3 | 50 | 0,2 |
| Kontrollkosten . . . . . . . . | 80 | 1,0 | 80 | 0,7 | 180 | 1,0 | 180 | 0,7 |
| Tilgung der Schulungskosten . . | 110 | 1,3 | 110 | 0,9 | 250 | 1,3 | 400 | 1,6 |
| Sonstige feste Kosten . . . . . | 35 | 0,4 | 55 | 0,5 | 170 | 0,9 | 190 | 0,8 |
| Summe der festen Kosten . . . . | 4505 | 55,5 | 5350 | 47,9 | 8710 | 46,4 | 11090 | 43,3 |
| Summe 1 + 2 . . . . . . . . . . | 8115 | 100,0 | 11160 | 100,0 | 18780 | 100,0 | 25645 | 100,0 |
| Jährliche Kosten für eine Flugzeug-sende- und Empfangsanlage . . . | — | — | — | — | — | — | 5000 | — |
| Gesamtkosten . . . . . . . . . . | 8115 | — | 11160 | — | 18780 | — | 30645 | — |
| c) Kostenumlegung: | | | | | | | | |
| Kosten je Flugstunde . . . . RM. | 40,58 | | 55,80 | | 62,60 | | 85,50[1]—102,00[2] | |
| Kosten je Flug-km . . . . . RM. | 0,41 | | 0,45 | | 0,42 | | 0,52 — 0,62 | |
| Kosten je Personen-km | | | | | | | | |
| bei voller Besetzung . . . RM. | 0,21 | | 0,15 | | 0,14 | | 0,13 — 0,16 | |
| bei Beförderung von 2 Personen . . . . . . RM. | 0,21 | | 0,23 | | 0,21 | | 0,26 — 0,31 | |
| Kosten je angebotenes Nutz-tkm . . . . . . . . RM. | — | | — | | 1,50 | | 1,37 — 1,63 | |
| Kosten je geleistetes Nutz-tkm: | | | | | | | | |
| a) bei 70% Auslastung . . RM. | — | | — | | 2,14 | | 1,96 — 2,33 | |
| b) bei 50% Auslastung . . RM. | — | | — | | 3,00 | | 2,74 — 3,26 | |

[1]) Ohne Flugzeugsende- und Empfangsanlage. [2]) Mit Flugzeugsende- und Empfangsanlage.

# V. Zusammenfassung

Es wurden die technischen, betrieblichen und organisatorischen Vorbedingungen für die Förderung des Sport- und Reiseflugs untersucht. Sowohl für die Herstellung der Freizügigkeit des Wegs wie für die zweckmäßige Gestaltung und Unterhaltung der Flugzeuge wurden grundsätzliche Untersuchungen angestellt, die sich stützen auf eingehende Feststellungen über Umfang und Art des Bedürfnisses für die private Verwendung des Luftfahrzeugs. Auf Grund der Analyse der Selbstkosten des privaten Luftverkehrs wurden Mittel und Wege zur Senkung der heute noch hohen Aufwendungen im privaten Luftverkehr gezeigt.

## Literaturübersicht für beide Abhandlungen

### Bücher


Aircraft Yearbook 1928—1931. Herausgegeben von der Aeronautical Chamber of Commerce of America Inc. New York.

Air Estimates 1930. London.

Annuario de Aeronautica. Herausgegeben von der Generaldirektion für Luftfahrt und Luftverkehr. Madrid 1929.

Aviaticus, Jahrbuch der Deutschen Luftfahrt 1931. Union Deutsche Verlagsgesellschaft Berlin.

Bachem, Die Praxis des Leistungssegelfliegens. Berlin 1932.

Bader, Flugzeugbaukunde 1924.

Baumann, Deutsches Verkehrsbuch. Berlin 1931.

von Beyer-Desimon, Flughafenanlagen. Berlin 1931.

Blum-Pirath, Lebensfragen der Deutschen Luftfahrt. Stuttgart 1928.

Facts and Figures. National Automobile Chamber of Commerce. New York 1933.

Faßbender, Hochfrequenztechnik in der Luftfahrt. Berlin 1932.

Georgii, Der Segelflug und seine Kraftquellen im Luftmeer. Berlin.

Geschäftsberichte der Deutschen Reichsbahn.

Handbuch für Luftfahrt und Luftfahrt-Industrie. Herausgegeben von Dr. E. Mehne. Berlin 1929.

Heisterbergk, Zur Frage der Struktur des Güterverkehrs. Verkehrstechnische Woche Berlin 1933.

Hirth, Die hohe Schule des Segelflugs. Berlin.

Jahrbuch des Deutschen Luftfahrt-Verbandes 1930 und 1931. Herausgegeben von W. Baur de Betaz. Berlin.

Jahrbuch der Deutschen Versuchsanstalt für Luftfahrt. Berlin 1927—1931.

Internationales Flughandbuch 1931. Herausgegeben von Imprimerie Crété. Paris.

Issler-Dollfus, Der dritte Weg. Zürich 1933.

Klemm, Zur Frage der fliegerischen Ausbildung bei den D. L. V.-Vereinen und bei den Schulen der Deutschen Luftfahrt G. m. b. H. Als Manuskript gedruckt 1930.

Langsdorff, Fortschritte der Luftfahrt 1929/30. Frankfurt.

— Jahrbuch der Luftfahrt 1931/32. München.

— Taschenbuch der Luftflotten 1931. München.

Merkert, Kraftwagen in USA. Berlin 1930.

Petzel, Die Flugsicherung im europäischen Luftverkehr. Forschungsergebnisse des Verkehrswissenschaftlichen Instituts für Luftfahrt an der Technischen Hochschule Stuttgart, Heft 6. München 1932.

Pirath, Die Luftfahrt und die Verkehrsprobleme der Gegenwart. Forschungsergebnisse des Verkehrswissenschaftlichen Instituts für Luftfahrt an der Technischen Hochschule Stuttgart, Heft 1. München 1929.

— Die Verkehrsflughäfen als Betriebsstellen des Weltluftverkehrsnetzes. Ebenda Heft 2. München 1930.

— Der Stand der Luftverkehrswirtschaft. Ebenda Heft 3. München 1930.

— Die vom Standpunkt des Verkehrs an den Bau von Flugzeugen zu stellenden Forderungen. Ebenda Heft 3. München 1930.

— Preisbildung und Subvention im Luftverkehr. Ebenda Heft 3. München 1930.

— Luftverkehrspolitik und Stand des Weltluftverkehrs. Ebenda Heft 4. München 1931.

— Die Probleme der Flugsicherung. Ebenda Heft 6. München 1933.

— Die Grundlagen der Verkehrswirtschaft. Berlin 1934.

Report on the Progress of Civil Aviation 1928—1930. Herausgegeben vom Air Ministry London.

Rößger, Die Flugsicherung in den Vereinigten Staaten von Amerika. Forschungsergebnisse des Verkehrswissenschaftlichen Instituts für Luftfahrt an der Technischen Hochschule Heft 6. München 1933.

Statistisches Jahrbuch für das Deutsche Reich 1931. Berlin 1931.

The Air Annual of the British Empire 1929—1932. Herausgegeben von Burge, London.

The Aviation Industry. Herausgegeben von The Curtis Publishing Comp. Philadelphia, Pa. 1930.

The Care and Maintenance of Aircraft. Airways Publications London 1930.

Toepffer, Die Führung des Flugzeugs. Berlin.

Vogel, Die Grundlagen der Schiffahrtsstatistik. Veröffentlichungen des Instituts für Meereskunde an der Universität Berlin. Berlin 1911.

Wegerdt, Deutsche Luftfahrtgesetzgebung. Berlin 1930.

Zeitschriften

Jahrgänge 1929 bis 1933

Aero Digest, New York.
Air and Airways, London.
Air Commerce Bulletin, Washington.
Airports and Airlines, Washington.
Airway Age, East Stroudsburg, Pa.
Aviation, New York.
Bollettino dell'Aviazione Civile e del Traffico Aereo, Rom.
Bulletin de Renseignements, Paris.
Flight, London.
Fokker Bulletin, Amsterdam.
Interavia, Internationale Luftfahrt-Korrespondenz, Genf.
L'Aéronautique, Paris.
L'Aérophile, Paris.
Luftschau, Berlin.
Luftwacht, Berlin.
Nachrichten für Luftfahrer, Berlin.
Rivista Aeronautica, Rom.
Schweizer Aero-Revue, Zürich.
The Aeroplane, London.
Traffic World, Chicago.
V. D. I.-Nachrichten, Berlin.
V. D. I.-Zeitschrift, Berlin.
Verkehrstechnische Woche, Berlin.
Western Flying, Los Angeles.
Zeitschrift für Flugtechnik und Motorluftschiffahrt (ZFM), München.
Zeitschrift für Flugwesen, Prag.

GPSR Compliance

*The European Union's (EU) General Product Safety Regulation (GPSR) is a set of rules that requires consumer products to be safe and our obligations to ensure this.*

*If you have any concerns about our products, you can contact us on ProductSafety@springernature.com*

In case Publisher is established outside the EU, the EU authorized representative is:

Springer Nature Customer Service Center GmbH
Europaplatz 3
69115 Heidelberg, Germany

**Batch number: 10866273**

Printed by Printforce, the Netherlands